U0098147

這樣吃最省

省錢省時省能源做好菜

不怕菜價飆漲、工作太忙、電費太高，告訴你如何節能減碳輕鬆做料理！

江豔鳳 著

朱雀文化

富貴「省」中求

「真的是什麼都漲，就是錢包沒變大！」這是近來最常聽大家說的一句話。每個人開始看緊荷包省錢，但不論你在各方面多麼謹慎，每天全家人吃的花費是省不了的。再加上颱風後的蔬果、菜價飆高，或是玉米、大豆、麵粉等食材價格飛揚，真讓人感到吃不消。究竟怎麼吃才會省？答案就在這本《這樣吃最省》中！

這是一本教你如何「省」的食譜，但絕非要你買最便宜、少量吃不飽、單調乏味的菜，而是告訴你幾個省的妙招和訣竅，讓你一邊「省錢」、「省時」和「省能源」做菜，一邊吃的好又飽。

本書第一個省錢單元，告訴你利用超划算、欲丟棄食材變出多種好菜。像以豆腐、根莖、瓜類這些不會因天然災害而漲價的食材，或者使用欲丟棄，像西瓜皮、豆渣等食材來做菜。第二個省時單元，則教你利用已處理過的食材、半成品快速做菜。你可以在假日預先做好一些菜放在冰箱保存，或是先處理食材，到時只需加工，自然節省許多時間。第三個省能源單元，介紹不用烹調器具，省電省瓦斯的料理，像醃漬菜、涼拌菜，以及不需加熱就可吃的菜，都是幫你省瓦斯、電力的最佳選擇。

此外，除了該有的食譜、料理小撇步外，書中每道菜還增加了時間、烹調器具、保存方式、能否帶便當等提醒記號，以及再特別加送多道好菜，可說是一本內容最豐富的「省」食譜。

有了這些好菜，誰還說「省」就吃不到豐盛的麵、飯和菜？徹底實行省的秘訣，還能幫你省下花費保住荷包，所以，馬上翻開書吧！開始進行「省錢、省時、省能源」的富貴計畫。

編輯部

contents

part 1

省錢

利用超划算、
欲丟棄食材變出多種好菜

part 2

省時

利用已處理過的食材、
半成品快速做菜

省時3撇步

contents

省能源

不用烹調器具，
省電省火保存好吃久久

閱讀本書食譜之前
1.本書中食材的量1小匙＝5c.c.或5克，1/2小匙＝2.5c.c.或2.5克，1大匙＝15c.c.或15克。
2.本書中運用到多個符號：

「」＝電鍋　「」＝電子鍋
「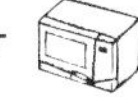」＝微波爐　「」＝炒鍋
「」＝冷藏　「」＝冷凍
「」＝可當便當菜　「」＝製作時間

3.本書中的食譜份量以人份、克數標記，但依個人加入液體等份量的差異，會有些許差別。
4.本書中的食譜有建議使用的烹調器具，讀者仍可依個人喜好選擇使用。
5.本書中菜的份量，若為可大量儲存、不一定一次要吃完的，則以「克」標示；可單次吃完的多以「人份」標示。
6.關於烹調時間，因每個人習慣、烹調器具品牌的差異，所以為大略估計，供讀者做參考。
7.為求拍照視覺上的美觀，食譜照片中的量可能稍多，讀者製作時仍以食譜中材料份量為主。

利用超划算、欲丟棄食材 變出多種好菜

part 1

省錢

省錢4妙招

當物價持續上揚，以前可以買一大堆魚、肉、蔬菜的菜錢，現在卻買不到幾樣食材，你在感嘆吃不到好料嗎？吃好菜不見得要花大錢，省錢也能吃得好又飽，只要靈活運用各種醬料、多買不易漲價的根莖類，還有重新檢視那些你以為不能吃的食材，花少少錢也能吃好菜。

1 大量製作常備醬料！

事先做好　這樣最省

運用各類醬料，像炸醬、素肉燥、香菇滷肉絲等，可炒飯、拌麵、搭配燙青菜，輕鬆變化菜色又省錢。只要將醬料放入密封袋、保鮮盒或玻璃容器，移入冰箱冷凍或冷藏保存，欲食用前只需加熱就能吃了。

炸醬
（做法參照p.11）

（一碗只花了15元）

炸醬麵
（做法參照p.11）

（一碗只花了30元）

炸醬炒高麗菜
（做法參照p.11）

2 多用價格穩定的醃菜、根莖類

事先做好　這樣最省

每當颱風、大雨過後，根本不敢購買價格飛漲的瓜果、葉菜類，這時，不妨改用價格平穩的市售的泡菜、醬菜，或者白蘿蔔、菜頭等根莖類蔬菜。

泡菜
（做法參照p.27）

（一盤只花了50元）

泡菜炒肉
（做法參照p.27）

（30個只花了65元）

泡菜水餃
（做法參照p.27）

3 別忽略那些以為要丟棄的食材！

也許你還不知道，有些要丟棄的東西也可以拿來當食材做菜，像西瓜皮（綠皮和紅肉中間那層白肉）、豆渣、吐司皮、雞皮等，都是不太花錢的好材料。

事先做好　這樣最省

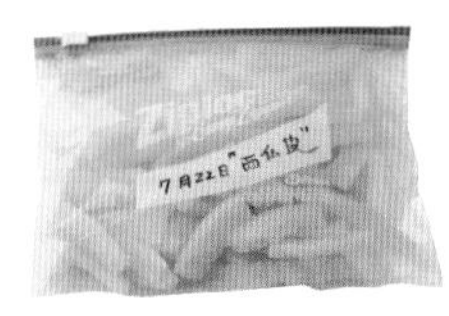

西瓜皮
（做法參照p.28）

（一盤只花了5元）

涼拌西瓜皮
（做法參照p.28）

（一盤只花了25元）

西瓜皮炒肉
（做法參照p.28）

4 不可小看絞肉、碎肉的魔法

你可能沒注意到，幾乎每天都會吃到絞肉、碎肉或肉片做成的料理，可見這類食材變化性高，善用就能做出好菜色。

事先做好　這樣最省

蝦仁餛飩
（做法參照p.21）

（一盤只花了35元）

蝦仁抄手
（做法參照p.21）

（一碗只花了30元）

蝦仁餛飩湯
（做法參照p.21）

事先做好

瓜仔肉
（做法參照p.17）

（一碗只花了10元）

瓜仔肉飯
（做法參照p.17）

（一盤只花了10元）

瓜仔肉蒸豆腐
（做法參照p.17）

省錢 ···›

利用超划算、欲丟棄食材
變出多種好菜

利用一鍋炸醬

可以做碗炸醬麵

還能來盤炸醬炒高麗菜

炸醬
【300克】

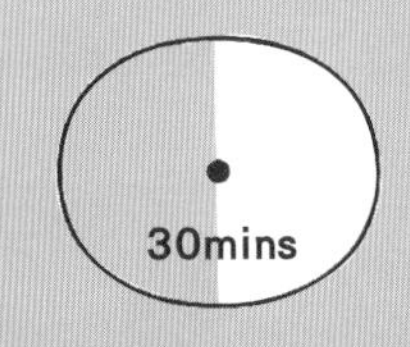

料理小撇步
炸醬可以多用點油和水，把醬炸得稍微稀一點，既不會太鹹，又容易拌麵；肉餡、蔥、薑和白糖的量要用足，炸時要勤攪拌，以防糊鍋底。

材料
絞肉200克
豆乾100克
蒜末4小匙
紅蔥末2小匙

調味料
甜麵醬2大匙
豆瓣醬1大匙
醬油1/2大匙
糖1/2大匙
米酒1大匙

做法
1. 豆乾洗淨瀝乾後切細丁。
2. 鍋燒熱，倒入2大匙油，先放入紅蔥末、蒜末爆香，續入絞肉炒散，再放入豆乾丁炒至微乾。
3. 加入甜麵醬、豆瓣醬炒香，加入剩餘的調味料炒至入味，再加入100c.c.的水炒至微乾即可。

炸醬麵
【1人份】

微波爐

材料
麵條200克
炸醬100克
蔥花適量
熟青豆仁適量

做法
1. 鍋中放入適量水煮滾，加入麵條煮，待水滾倒入1杯水繼續煮1～2分鐘，撈出放入麵碗中。
2. 將炸醬倒入碗中，放入微波爐中加熱。
3. 將炸醬倒入麵碗中，加入些許蔥花、青豆仁即可。

炸醬炒高麗菜
【3人份】

炒鍋

材料
高麗菜300克
胡蘿蔔15克
辣椒10克
大蒜10克
炸醬50克
熟青豆仁適量

調味料
鹽少許
雞粉少許

做法
1. 高麗菜洗淨切片。胡蘿蔔切絲，辣椒和大蒜切片。
2. 鍋燒熱，倒入少量油，先放入蒜片、辣椒片爆香，續入高麗菜、胡蘿蔔絲炒軟。
3. 加入炸醬、調味料、熟青豆仁拌炒入味即可。

利用超划算、欲丟棄食材
變出多種好菜

利用一鍋爌肉

可以做碗爌肉飯

還能來盤爌肉汁地瓜葉

爌肉
【700克】

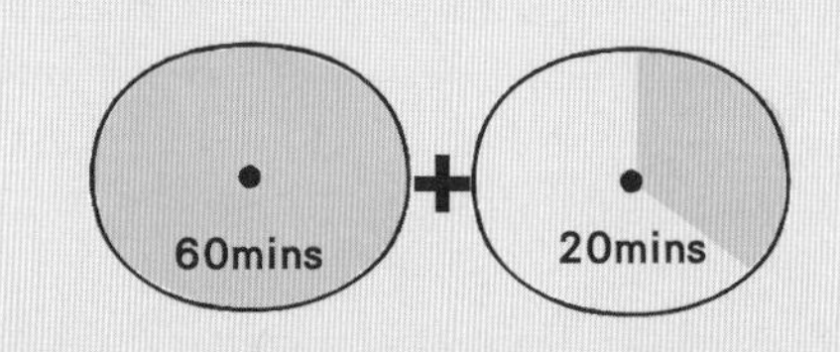

材料

五花肉700克
蔥段15克
大蒜15克
八角1個
水1,100c.c.

調味料

醬油180c.c.
醬油膏15c.c.
冰糖12克
米酒2大匙
胡椒粉少許
五香粉少許

做法

1. 五花肉洗淨後瀝乾，切成厚片，加入1大匙醬油拌勻，醃一下。
2. 鍋燒熱，倒入2大匙油，先放入蔥段、大蒜爆香，續入五花肉片炒香，加入八角、調味料繼續炒香。
3. 倒入1,100c.c.的水煮，待水滾，以小火滷約70分鐘，熄火燜10分鐘即可。

爌肉飯
【1人份】

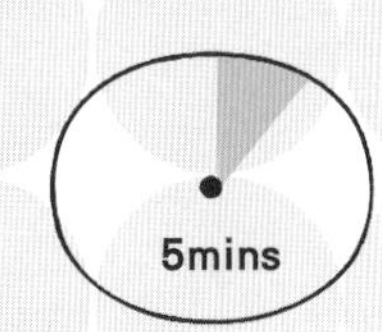

材料

爌肉1片
爌肉汁適量
辣拌高麗菜乾適量
白飯1碗
香菜適量

做法

1. 將爌肉和爌肉汁倒入碗中，放入微波爐中加熱。
2. 辣拌高麗菜乾做法參照p.83。
3. 將白飯盛入碗中，放上一塊爌肉，淋入爌肉汁，放上辣高麗菜乾、香菜即可。

爌肉汁地瓜葉
【2人份】

5mins

湯鍋

材料

地瓜葉200克
蒜末2小匙
爌肉汁適量

做法

1. 地瓜葉洗淨，放入滾水中汆燙至熟，撈出瀝乾，放入盤中。
2. 放入蒜末，淋上爌肉汁，食用時再拌勻即可。

料理小撇步

爌肉滷的時間較長，建議一次以做一大鍋，可將滷肉和滷汁分開包好，放入冰箱冷藏。滷汁可以搭配燙青菜或抄手，使用範圍很廣。

利用超划算、欲丟棄食材
變出多種好菜

利用一鍋香菇滷肉絲

可以做碗香菇肉絲滷肉飯

還能來盤香菇滷肉炒米粉

香菇滷肉絲
【400克】

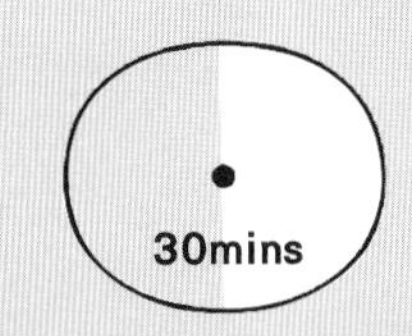

料理小撇步
泡乾香菇需用冷水泡，可將香菇和水放入透明塑膠袋中，袋口綁緊，放在一旁泡約數小時。若使用熱水泡，或者將香菇和水放入容器中泡，香菇的香味容易全部跑掉。

材料

瘦肉400克
乾香菇5朵
紅蔥頭末4小匙
水600c.c.

調味料

醬油80c.c.
冰糖1/2大匙
米酒2大匙
胡椒粉1/4小匙
鹽少許

做法

1. 瘦肉洗淨切絲。乾香菇放入冷水泡軟後切絲。
2. 鍋燒熱，倒入2大匙油，先放入紅蔥頭末爆香，續入瘦肉絲炒至顏色變白，再放入香菇絲炒香。
3. 倒入調味料炒約1分鐘，再倒入600c.c.的水煮，待煮滾後蓋上鍋蓋續煮約15分鐘，熄火燜約5分鐘即可。

香菇肉絲滷肉飯
【2人份】

5mins

材料

香菇肉絲（含滷汁）適量
白飯2碗
黃蘿蔔片2片
香菜適量

做法

1. 將香菇肉絲和滷汁倒入碗中，放入微波爐中加熱。
2. 將白飯盛入碗中，淋入香菇肉絲和滷汁，放上黃蘿蔔片、香菜即可。

香菇滷肉炒米粉
【2人份】

15mins

可帶便當

材料

乾米粉200克
高麗菜150克
胡蘿蔔20克
香菇肉絲（含滷汁）80克
芹菜15克

調味料

鹽1/4小匙
雞粉少許
胡椒粉少許

做法

1. 乾米粉放入滾水中汆燙2分鐘，撈出瀝乾放入容器中，蓋上鍋蓋燜約5分鐘。
2. 高麗菜洗淨切粗絲。胡蘿蔔去皮切絲。芹菜切末。
3. 鍋燒熱，倒入2大匙油，先放入胡蘿蔔絲、高麗菜絲炒至微軟，續入調味料拌一下後取出。
4. 將香菇肉絲和滷汁倒入鍋中，放入米粉拌勻，續入胡蘿蔔絲、高麗菜絲、芹菜末拌炒至入味即可。

利用超划算、欲丟棄食材
變出多種好菜

利用一鍋瓜仔肉

可以做碗瓜仔肉飯

還能來盤瓜仔肉蒸豆腐

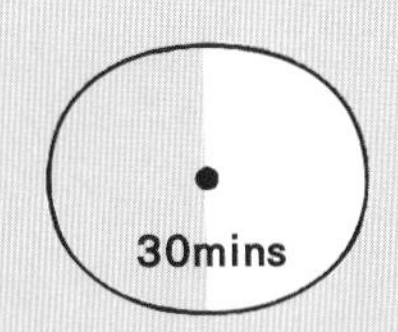

材料

絞肉400克
醃瓜200克
大蒜20克
辣椒末1小匙
水800c.c.

調味料

鹽少許
冰糖1小匙
醬油膏2大匙
米酒1大匙
胡椒粉1/4小匙

做法

1. 醃瓜剁碎。大蒜拍扁，剝除外殼剁碎。
2. 鍋燒熱，倒入2大匙油，先放入蒜末爆香，續入絞肉、辣椒末炒散。
3. 加入醃碎瓜、調味料炒約2分鐘，倒入800c.c.的水，蓋上鍋蓋，以小火煮約30分鐘，熄火燜約5分鐘即可。

瓜仔肉飯

【2人份】

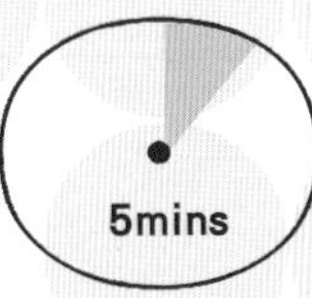

材料

瓜仔肉適量
白飯2碗

做法

1. 將瓜仔肉和滷汁倒入碗中，放入微波爐中加熱。
2. 將白飯盛入碗中，淋入瓜仔肉和滷汁即可。

料理小撇步

1.份量少的食材加熱時以微波爐較方便，但若沒有微波爐，可改用電鍋或放入小鍋稍微加熱。
2.一般常見的瓜仔肉都是利用黑色的醬瓜來製作，而本道瓜仔肉改用黃色的醃瓜來做，口味較清淡。若喜歡吃重口味，可多加些辣椒末即可。

瓜仔肉蒸豆腐

【2人份】

材料

板豆腐1塊
瓜仔肉（含汁）適量
蔥少許
辣椒末少許

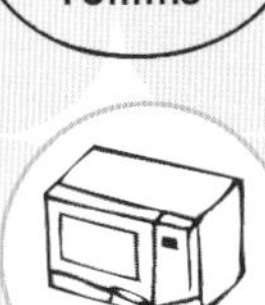

做法

1. 板豆腐切塊，排入盤中。蔥切絲。
2. 將瓜仔肉和汁淋在板豆腐上，放入辣椒末，蓋上保鮮膜，保鮮膜留一小洞。
3. 放入微波爐中加熱約5分鐘至熟，取出撕開保鮮膜，放入辣椒末、蔥絲即可。

料理小撇步

1. 微波容器以玻璃、陶瓷製品，以及耐熱度可達140℃以上的塑膠耐熱容器較適合，切勿使用金屬容器或色彩斑爛、多圖案的容器。
2. 不喜歡吃辣的人，蔥絲和辣椒末可以最後再放入。

省錢 •••>

利用超划算、欲丟棄食材
變出多種好菜

利用一鍋素肉燥

可以做碗素肉燥麵

還能來盤素肉燥拌大白菜

素肉燥
【400克】

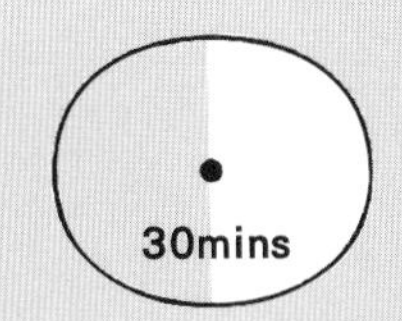

料理小撇步
素肉燥可在專門販售豆腐、豆類製品的小店中買到。亦可買素肉、麵環，將其剁碎後代替素肉燥使用。

材料
素絞肉120克
香菇3朵
薑末2小匙
水800c.c.

調味料
醬油80c.c.
醬油膏15c.c.
冰糖2小匙
五香粉少許
肉桂粉少許
胡椒粉少許

做法
1. 將素絞肉放入冷水泡軟，撈出瀝乾。乾香菇放入冷水泡軟後切碎。
2. 鍋燒熱，倒入50c.c.的油，續入薑末炒至微乾，放入香菇炒香，加入素絞肉炒一下。
3. 加入調味料炒香，再倒入800c.c.的水煮，待水滾改以小火煮約20分鐘，熄火再燜約5分鐘即可。

素肉燥麵
【1人份】

20mins

材料
麵條150克
小白菜30克
煮好的素肉燥適量
水350c.c.

調味料
鹽少許
香菇精少許

做法
1. 小白菜洗淨切段。
2. 鍋中放入適量水煮滾，加入麵條煮，待水滾倒入1杯水繼續煮，煮滾後放入小白菜略煮，馬上撈出小白菜、麵條放入麵碗中。
3. 另一鍋倒入350c.c.的水、素肉燥煮，待煮滾加入調味料略拌，整鍋倒入麵碗中即可。

料理小撇步
煮麵的詳細步驟可參照p.69。

素肉燥拌大白菜
【3人份】

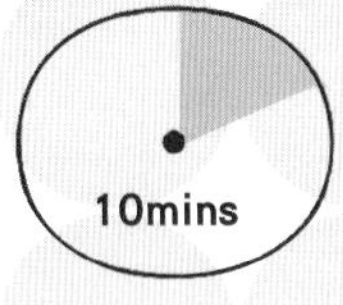

材料
大白菜500克
胡蘿蔔20克
煮好的素肉燥適量

做法
1. 大白菜洗淨後切片。胡蘿蔔切片。
2. 將大白菜、胡蘿蔔放入滾水中汆燙熟，撈出瀝乾，放入盤中。
3. 淋上煮好的素肉燥即可。

料理小撇步
一般大白菜比較難煮，所以煮時要蓋上鍋蓋，受熱會比較平均且快。

省錢 •••›

利用超划算、欲丟棄食材
變出多種好菜

利用一盤蝦仁餛飩

可以做碗蝦仁抄手

還能來盤榨菜餛飩湯

蝦仁餛飩
【20個】

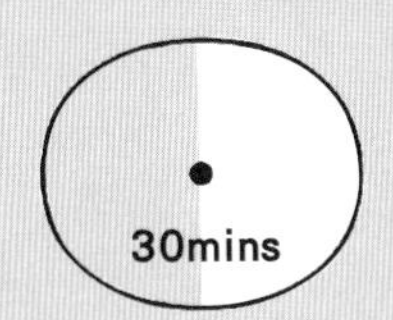

材料
蝦仁20尾
絞肉250克
蔥末2小匙
餛飩皮20張

調味料
鹽1/4小匙
糖少許
胡椒粉少許
蛋白1大匙
米酒少許

做法
1. 蝦仁洗淨瀝乾，加入少許鹽、米酒醃約10分鐘。
2. 將絞肉放入容器中，加入蔥末、調味料拌勻至有黏性，即成餡料。
3. 取餛飩皮，先放入餡料，再放入1尾蝦仁，包成餛飩即可。

料理小撇步
參照小圖包成餛飩，記得餛飩皮最後包好收口時不要捏太緊。

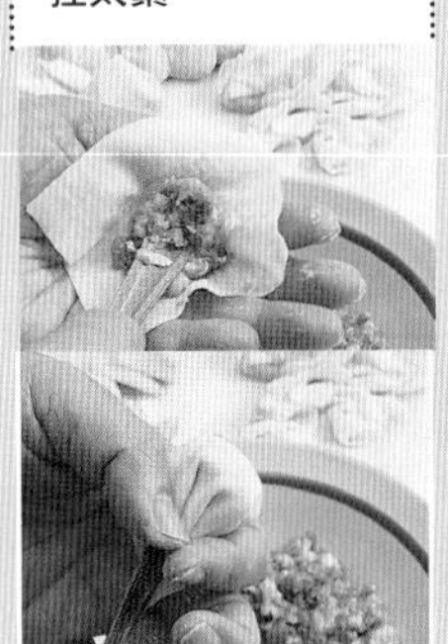

蝦仁抄手
【12個】

材料
餛飩12個
蔥花2小匙
小白菜適量

調味料
醬油3大匙
糖1/2小匙
白醋1小匙
紅油1大匙
冷開水1大匙

做法
1. 鍋中倒入適量水煮，待水滾放入餛飩煮，煮滾後加入小白菜，撈出餛飩和小白菜放入盤中。
2. 將調味料拌勻，倒入餛飩盤中，撒上蔥花即可。

料理小撇步
除了紅油以外，還可利用p.13的爌肉汁一起拌抄手。

榨菜餛飩湯
【1人份】

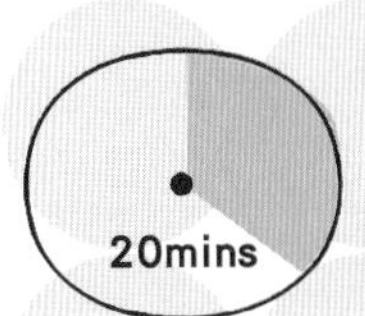

材料
餛飩8個、
榨菜10克、
海苔適量、
小白菜20克、
蔥末1小匙、
高湯400c.c.

調味料
鹽1/4小匙
雞粉1/4小匙
胡椒粉少許
香油少許

做法
1. 小白菜洗淨切小段。榨菜、海苔切絲。
2. 鍋中倒入適量水煮，待水滾放入餛飩煮，煮滾後加入小白菜，撈出餛飩和小白菜放入碗中。
3. 另一鍋中倒入高湯，放入榨菜絲、調味料拌勻，倒入餛飩，加入海苔絲、蔥末即可。

料理小撇步
高湯DIY：將2個雞骨放入滾水中汆燙，取出放入一鍋中，加入2片薑片、3支蔥段和1,000c.c.的水，整個移入電鍋，外鍋加入2杯水，按下電源開關煮至開關跳起即可。

利用超划算、欲丟棄食材
變出多種好菜

利用一鍋洋蔥炒牛肉

可以做碗洋蔥牛肉馬鈴薯

還能來盤洋蔥牛肉炒麵

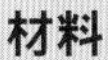

洋蔥牛肉【約500克】

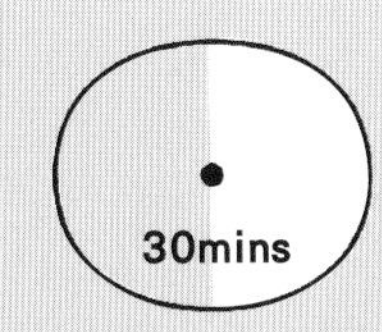

料理小撇步
想吃更嫩的牛肉片嗎？可將牛肉片加入少許的醬油、米酒和太白粉醃10分鐘。

材料
牛肉片250克
洋蔥150克
水100c.c.

調味料
醬油2大匙
味醂1大匙
米酒2大匙
冰糖少許

做法
1. 牛肉片洗淨瀝乾。洋蔥切絲。
2. 鍋燒熱，倒入2大匙油，先放入洋蔥炒軟，續入牛肉炒至變色，倒入100c.c.的水。
3. 倒入調味料炒至入味即可。

洋蔥牛肉馬鈴薯
【3人份】

20mins

可帶便當

材料
洋蔥牛肉適量
馬鈴薯200克
胡蘿蔔60克
青豆仁10克
水50c.c.

調味料
鹽1/4小匙
雞粉少許

做法
1. 馬鈴薯、胡蘿蔔洗淨，削除外皮後切成塊狀。
2. 將馬鈴薯塊、胡蘿蔔塊倒入鍋中，加入水煮至馬鈴薯軟，再加入洋蔥牛肉、青豆仁和調味料煮至入味即可。

料理小撇步
這道菜可加入咖哩塊一起煮，馬上變成一道新口味咖哩牛肉。

洋蔥牛肉炒麵
【2人份】

10mins

材料
麵條200克
蔥段10克
洋蔥牛肉150克

調味料
鹽
胡椒粉少許

做法
1. 鍋中放入適量水煮滾，加入麵條煮，待水滾倒入1杯水繼續煮約2分鐘，撈出沖冷水，然後瀝乾。
2. 鍋燒熱，倒入1大匙油，放入蔥段爆香，續入洋蔥牛肉、麵條拌炒入味即可。

料理小撇步
1.若加入的是熟麵條，則可加速煮的時間。
2.也可改煮成湯麵。將適量的高湯或水倒入鍋中煮滾，放入洋蔥牛肉煮滾，加入少許鹽、雞粉調味，再放入熟麵條和青菜即可。

利用超划算、欲丟棄食材
變出多種好菜

利用一盤炒肉末

可以做盤蒼蠅頭

還能來盤酸辣涼拌肉末絲粉

炒肉末
【約600克】

料理小撇步
做法1.中絞肉要炒到顏色變白且油亮，再加入醬油、米酒。

材料
絞肉600克
蒜末1大匙
蔥末2小匙
辣椒末1大匙

調味料
醬油1/2大匙
米酒1/2大匙
鹽1/2小匙
糖1/2小匙
胡椒粉少許

做法
1. 鍋燒熱，倒入2大匙油，先放入蒜末、辣椒末爆香，續入絞肉炒至顏色變白，然後倒入醬油、米酒炒香。
2. 加入蔥末、鹽、糖和胡椒粉炒至入味即可。

蒼蠅頭
【4人份】

材料
炒好肉末200克
韭菜花200克
蒜末2小匙
辣椒末2小匙
豆豉15克

調味料
糖少許
米酒1小匙

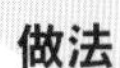

做法
1. 韭菜花洗淨切小段。
2. 鍋燒熱，倒入1大匙油，依序放入蒜末、辣椒末、豆豉爆香。
3. 放入韭菜花、炒好肉末、調味料稍微炒至入味即可。

料理小撇步
蒼蠅頭可再做一道菜。可將2塊板豆腐切小塊，加入200c.c.的高湯或水煮滾，再放入蒼蠅頭拌炒一下即可，就成了蒼蠅頭豆腐了。

酸辣涼拌肉末絲粉
【2人份】

10mins

材料
冬粉2把
炒好肉末150克
西瓜皮適量
蔥末2小匙
辣椒末2小匙
花生碎適量

調味料
鹽少許
糖1小匙
辣椒醬1大匙
酸辣醬1大匙
檸檬汁1大匙

炒鍋

做法
1. 冬粉先放入冷水泡軟，再入滾水中汆燙1分鐘，撈出瀝乾。
2. 西瓜皮切細條。
3. 將肉末、調味料、蔥末、辣椒末和西瓜皮放入冬粉中拌勻，撒上花生碎即成。

料理小撇步
1.西瓜皮是指綠色皮和紅色肉中間那一部份白色肉。
2.若要一次製作大量的西瓜皮，可將西瓜皮放入容器中，以重物壓，壓乾西瓜皮的水份。

利用超划算、欲丟棄食材
變出多種好菜

利用一罐泡菜

可以做盤泡菜水餃

還能來盤泡菜炒牛肉片

泡菜
【2,000克】

材料

（1）
大白菜1,800克

（2）
蔥20克
胡蘿蔔30克
洋蔥30克
蒜泥1大匙
薑泥2小匙
雪梨泥4小匙
蘋果泥4小匙
辣椒醬80克
辣椒粉4小匙
熱水100c.c.

調味料

鹽50克
糖5小匙
魚露2小匙
米酒4小匙

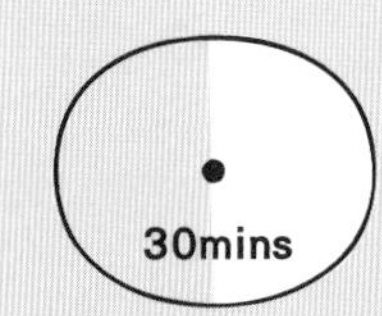

做法

1. 大白菜洗淨瀝乾放入容器中，撒上適量的鹽抹均勻，倒入少量水，用石頭壓一晚，第二天取出沖水瀝乾。
2. 蔥切段。胡蘿蔔、洋蔥切絲。辣椒粉和100c.c.的熱水拌勻。
3. 將材料（2）加入調味料拌勻，倒入辣椒粉水拌勻。
4. 大白菜上塗抹做法3.的汁液，連同做法**3.**的所有材料一起放入大的瓶子中，蓋上瓶蓋放在室溫下醃約3天，再移入冰箱冷藏保存。

泡菜水餃
【2人份】

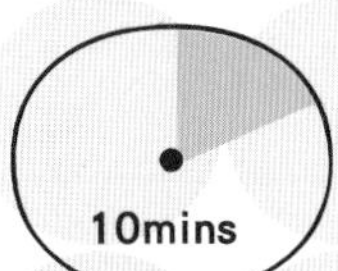

材料

水餃皮100克
絞肉150克
泡菜150克

調味料

鹽少許
糖少許
米酒1小匙
胡椒粉少許

做法

1.泡菜切細放入容器中，加入絞肉、調味料拌勻，即成餡料。
2.取水餃皮，放入內餡，包成餃子。
3.鍋中倒入適量水煮滾，放入水餃煮煮，待滾後倒入1碗冷水再煮1～2分鐘，撈出盛盤。食用時沾醬汁。

泡菜炒牛肉片
【3人份】

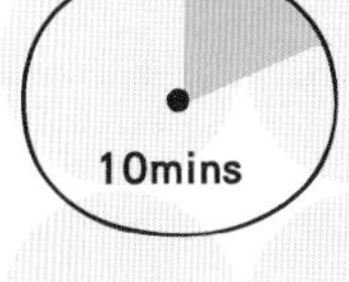

材料

牛肉片200克
泡菜200克
蔥10克
大蒜5克

醃料

醬油1/2小匙
米酒1小匙
蛋白1/2大匙
太白粉少許

做法

1. 牛肉片加醃料拌勻，醃約10分鐘。
2. 泡菜切小片，蔥切段。大蒜切片。
3. 鍋燒熱，倒入2大匙油，先放入蔥段、蒜片爆香，續入牛肉炒至變色，再放入泡菜略拌即可。

料理小撇步

水餃的包法有很多種，參照本頁步驟圖包好，還可一次包大量份量放入塑膠袋中，放入冰箱冷凍保存。取出食用時，不需等退冰，直接放入滾水中煮熟即可食用。

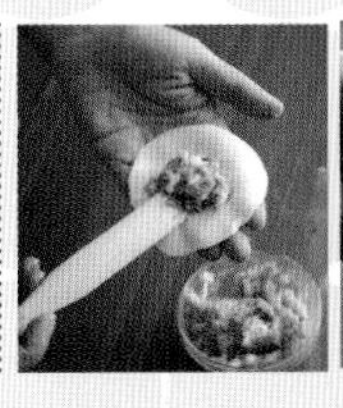
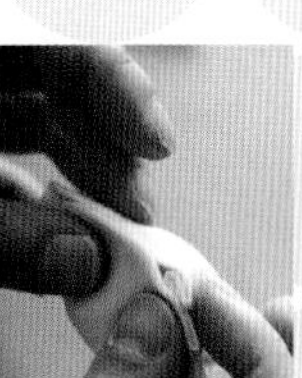
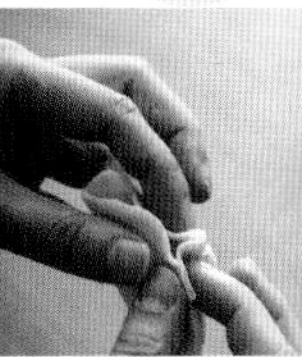
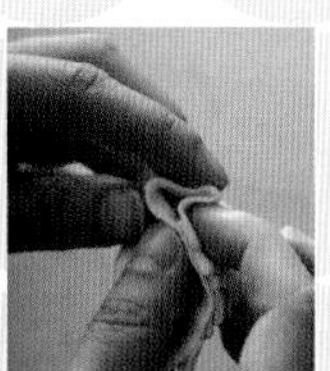

涼拌西瓜皮

15mins

【2人份】

冷藏保存 5天

材料	調味料
西瓜皮300克	鹽少許
蒜末2小匙	細糖1小匙
辣椒末2小匙	糯米醋1小匙
	香油少許

做法

1. 西瓜皮去掉外皮和紅肉，留下中間青綠色的部份。
2. 西瓜皮切薄片，加1小匙鹽（額外的）拌勻，醃15分鐘，稍微搓揉一下，擠乾放入大碗中。
3. 加入蒜末、辣椒末和調味料拌勻即可。

料理小撇步
紅色西瓜白肉部分較黃色小西瓜來得多，比較適合做這道菜。切西瓜皮時要小心，避免切到手。

西瓜皮炒肉

【3人份】

材料	調味料
西瓜皮250克	醬油1/2小匙
肉絲150克	糖1/4小匙
蒜末2小匙	鹽少許
薑末2小匙	米酒1小匙
辣椒10克	雞粉少許

做法

1. 西瓜皮去掉外皮和紅肉，留下中間青綠色的部份。辣椒切絲。
2. 西瓜皮切片，加入少許鹽拌勻，醃約10分鐘，稍微搓揉一下，擠乾放入大碗中。
3. 鍋燒熱，倒入2大匙油，放入蒜末、薑末爆香，續入肉絲、辣椒絲炒至顏色變白，加入醬油炒香，放入西瓜皮、糖、鹽、米酒和雞粉拌勻即可。

料理小撇步
西瓜皮用鹽醃過後再炒，吃起來會比較清脆。

辣拌蘿蔔皮

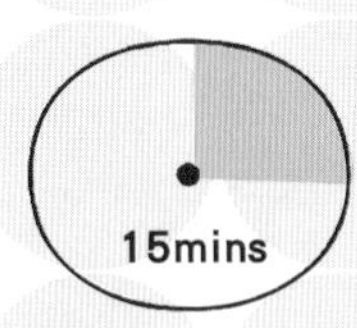

【4人份】

材料

蘿蔔皮300克
大蒜10克
辣椒末2小匙

調味料

鹽少許
糖1小匙
辣豆瓣醬1大匙
辣椒醬2大匙
糯米醋1小匙
香油1/2大匙

做法

1. 蘿蔔皮切段，加入1小匙鹽拌勻，醃30分鐘，搓揉2分鐘，放入冷水略泡，清洗後擠乾。
2. 將所有調味料放入容器中，加入蒜末、辣椒末拌勻。
3. 放入蘿蔔皮拌勻，蓋上保鮮膜，放入冰箱冷藏一天後即可食用。

料理小撇步

若要一次製作大量的蘿蔔皮，因蘿蔔皮易出水，可將其放入容器中，以重物壓，壓乾蘿蔔皮的水份。

蘿蔔皮炒肉

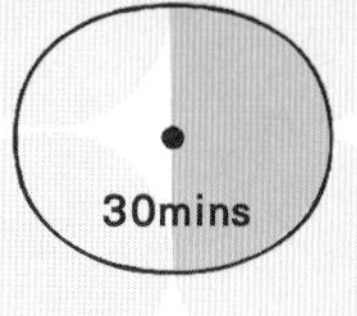

【3人份】

材料

肉絲100克
蘿蔔皮250克
蒜末2小匙
辣椒末2小匙
蔥末1小匙

調味料

醬油1/3大匙
糖1/4小匙
鹽1/4小匙
雞粉少許
胡椒粉少許

做法

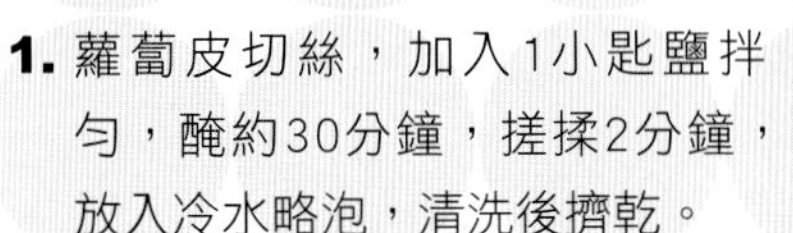

1. 蘿蔔皮切絲，加入1小匙鹽拌勻，醃約30分鐘，搓揉2分鐘，放入冷水略泡，清洗後擠乾。

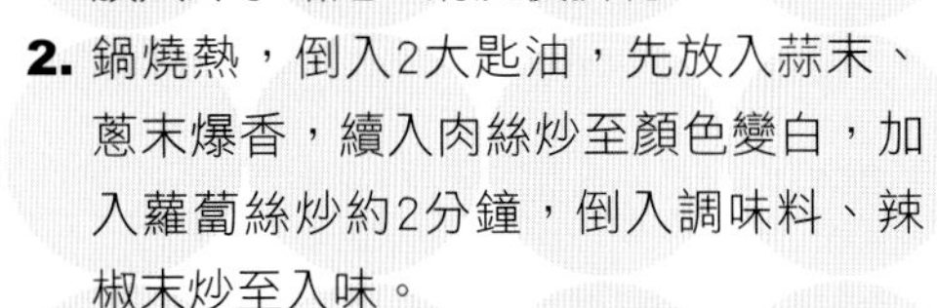

2. 鍋燒熱，倒入2大匙油，先放入蒜末、蔥末爆香，續入肉絲炒至顏色變白，加入蘿蔔絲炒約2分鐘，倒入調味料、辣椒末炒至入味。

料理小撇步

喜歡吃辣口味的人，可加入些許朝天椒或辣椒醬，再放入花椒粉即可。

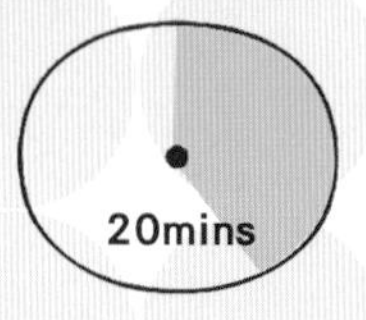

豆醬醃菜心

【300克】

60mins

材料

白花椰菜心300克
豆醬30克

調味料

糖1小匙
米酒少許

做法

1. 白花椰菜心削除外皮後修乾淨，切成長條狀。
2. 將1/2小匙鹽加入菜心中拌勻，醃約1小時，擠出多餘的水份，以冷開水稍微清洗，撈出瀝乾。
3. 將菜心放入保鮮盒中，加入豆醬、糖和米酒拌勻，移入冰箱冷藏，醃約兩天後即可食用。

料理小撇步
醃過的白花椰菜要用冷開水清洗才不會太鹹，此外，除了豆醬，也可以用味噌醃。

菜心丸子湯

【3人份】

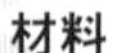

材料

綠花椰菜心200克
虱目魚丸6個
高湯750c.c.

調味料

鹽1/2小匙
雞粉少許
胡椒粉少許

做法

1. 綠花椰菜心削除外皮，切成片狀。
2. 高湯做法參照p.21。將高湯倒入鍋中煮，待滾後先放入菜心煮約10分鐘，續入虱目魚丸、調味料煮滾一下即可。

料理小撇步
另一種簡單的高湯做法，就是將市售高湯塊直接放入水中煮滾，很適合忙碌的做菜人。

米飯煎餅

【1人份】

15mins

炒鍋

冷凍保存
7天

材料

剩飯1碗
芹菜葉10克
蔥尾10克
雞蛋1個
太白粉1小匙
麵粉2小匙

調味料

鹽1/4小匙
雞粉少許
胡椒粉少許

做法

1. 芹菜葉、蔥尾洗淨切細。
2. 將蛋打散後倒入飯中拌勻，加入太白粉、麵粉、調味料、芹菜葉和蔥尾拌勻。
3. 鍋燒熱，倒入少許油，放入拌勻的米飯煎至定型，再翻面煎熟即可。

料理小撇步

冷凍保存的米飯煎餅取出時，可放入烤箱烤熟或微波爐加熱至熟。

炸芹菜葉

【3人份】

15mins

材料

芹菜葉150克
雞蛋1個
低筋麵粉100克
水100c.c.

調味料

胡椒鹽適量

做法

1. 芹菜葉洗淨後瀝乾。
2. 將低筋麵粉倒入容器中，加入100c.c.的水拌勻，再倒入雞蛋液拌勻，靜置約5分鐘，即成麵糊。
3. 鍋中倒入適量油，待油溫升至160℃，放入沾裹麵糊的芹菜葉，炸至上色，撈出瀝乾油份即可。

料理小撇步

如何測知油溫已達160℃？可試將一塊蔥丟入油鍋，若馬上出現大泡泡，表示油溫已達160℃。

省錢 •••>
超划算食材
豆渣+絞肉

豆渣煎蛋

5mins

【2人份】

材料	調味料
雞蛋3個	鹽1/4小匙
豆渣3大匙	雞粉少許
蔥尾15克	米酒少許

炒鍋

冷藏保存
2～3天

可帶便當

做法

1. 鍋燒熱，倒入豆渣炒散且發出香氣，取出。
2. 將雞蛋打入大容器中，加入調味料、蔥尾和豆渣拌勻。
3. 鍋燒熱，倒入2大匙油，先倒入調好的雞蛋液煎至定型，再翻面煎熟即可。

料理小撇步

豆渣可先以小火慢慢炒一下再煎會比較香，但注意不要炒得太乾。

豆渣漢堡肉煎餅

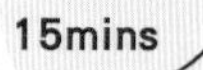

15mins

【2人份】

材料	調味料
豆渣50克	醬油1小匙
絞肉150克	鹽1/4小匙
洋蔥末4小匙	糖少許
蒜末2小匙	胡椒粉少許
胡蘿蔔末2小匙	蕃茄醬適量
雞蛋液1/3個	
太白粉2小匙	
麵粉2小匙	

炒鍋

冷凍保存
7天

可帶便當

做法

1. 鍋燒熱，倒入豆渣炒散且發出香氣，取出。
2. 將絞肉放入容器中，先加入除蕃茄醬以外的調味料拌勻，續入洋蔥末、蒜末、胡蘿蔔末和豆渣、雞蛋液、太白粉、麵粉拌勻，做成圓形後壓扁，即成圓餅。
3. 鍋燒熱，倒入適量油，先放入圓餅煎至上色，再翻面煎熟，淋上蕃茄醬即可。

料理小撇步

可先將拌勻好的材料放入冰箱中冷藏約10分鐘，再取出壓成圓餅狀，較易入味。

吐司可樂餅

【3人份】

可帶便當

材料

馬鈴薯1個
吐司邊50克
絞肉80克
洋蔥1大匙
蒜末1小匙
低筋麵粉適量
雞蛋液適量
麵包粉適量
水150c.c.

調味料

鹽1/4小匙
糖少許
胡椒粉少許

做法

1. 馬鈴薯洗淨削除外皮，切成片狀，放入電鍋，外鍋倒入150c.c.的水，按下開關，煮至開關跳起後續燜約5分鐘，取出馬鈴薯壓成泥。吐司邊切碎。
2. 鍋燒熱，倒入1大匙油，先放入洋蔥末、蒜末爆香，續入絞肉炒至顏色變白，加入調味料炒勻，取出，即成餡料。
3. 依序將馬鈴薯泥、吐司碎加入餡料中，搓揉成圓球或橢圓球狀再壓成圓餅。
4. 圓餅先沾裹麵粉，再沾雞蛋液，再沾裹麵包粉。
5. 鍋中倒入適量油，待油溫升至170℃，放入沾好粉的可樂餅炸至上色，撈出瀝乾油份即可。

料理小撇步

1. 做法4.中沾裹麵粉時，不要沾裹得太厚，其目的只是要讓圓球能沾上雞蛋液。馬鈴薯泥要趁熱才能壓成泥，可用湯匙輕壓。
2. 170℃的油溫是指油鍋已冒白煙，這時油溫相當高，放入可樂餅炸時要注意安全。

絞肉炒雪裡紅

【3人份】

材料

雪裡紅200克
絞肉100克
薑末1小匙
蒜末2小匙
辣椒末2小匙

調味料

鹽1/4小匙
糖1/4小匙

做法

1. 雪裡紅洗淨，擠乾水份後切小段。
2. 鍋燒熱，倒入2大匙油，先放入薑末、蒜末爆香，續入辣椒末、絞肉炒至肉的顏色變白且油亮。
3. 加入雪裡紅、調味料炒至入味即可。

再一道好菜

雪裡紅除了買現成的，也可以自己做。可先將300克的小芥菜或蘿蔔葉洗淨瀝乾，撒上鹽醃約40分鐘，再慢慢揉至菜葉變軟，裝入保鮮盒冷藏保存一星期。使用蘿蔔葉做較小芥菜來得便宜。

鹹酥雞皮

15mins

【3人份】

材料

雞皮250克
九層塔50克

調味料

胡椒鹽適量

做法

1. 雞皮洗淨，切成片狀。九層塔取嫩的部份，洗淨瀝乾。
2. 鍋中倒入適量油，待油溫升至170℃，放入雞皮炸熟至上色，撈出雞皮。油鍋再次加熱，待油溫再次升高，放入剛炸好的雞皮再炸一下，撈出瀝乾油份，放入盤中。
3. 將九層塔倒入油鍋炸酥，撈出瀝乾油份，放在雞皮上，趁熱撒上胡椒鹽即可。

料理小撇步

雞皮炸好時可將油稍微再加溫，第二次炸雞皮，可將雞皮的油炸出，且雞皮吃起來更酥脆。

烤雞皮

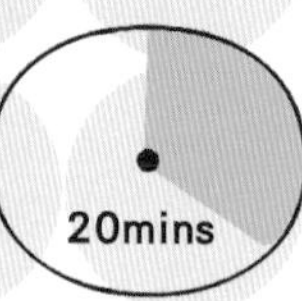

【3人份】

材料

雞皮200克
蔥段15克

調味料

鹽1/4小匙
米酒1小匙
胡椒粉少許

做法

1. 雞皮洗淨，切成片狀，放入容器中。
2. 將調味料倒入雞皮中拌勻。
3. 將雞皮排在烤盤上，放入已預熱好的烤箱，以200℃烤約10分鐘，打開烤箱蓋將雞皮翻面，放入蔥段後烤約5分鐘即可。

料理小撇步

這裡的雞皮選的是雞胸皮，皮要切得稍微大片。烤雞皮時需將外皮朝上再烤。

蒜蓉豬皮

【4人份】

材料

豬皮400克
薑10克
蔥10克
薑絲適量
蒜苗適量
蒜泥2小匙

調味料

醬油膏2大匙
醬油2大匙
細砂糖1小匙
烏醋1/2小匙
開水1大匙

冷凍保存7天

做法

1. 薑切片。蔥切段。蒜苗切絲。
2. 將所有調味料拌勻，再倒入蒜泥拌均勻，即成蒜蓉醬。
3. 豬皮洗淨放入滾水中，加入薑片、蔥段和米酒，以大火煮約10分鐘，撈出沖水清洗，刮除多餘的肥油脂。
4. 將豬皮放入內鍋，加入水至可淹蓋豬皮，外鍋倒入2杯水，按下煮至開關跳起後再燜約5分鐘。
5. 取出豬皮切成小片，放入薑絲、蒜苗絲，沾上蒜蓉醬食用即可。

料理小撇步

如何刮掉豬皮多餘的油脂？取出煮熟的豬皮，參照步驟小圖慢慢刮，就能刮得很乾淨。

辣拌豬皮

【3人份】

材料

豬皮250克
薑片10克
蔥段10克
蒜末2小匙
辣椒末2小匙
蔥末2小匙

調味料

辣豆瓣醬1小匙
辣椒醬1大匙
醬油1大匙
醬油膏1大匙
香油少許

冷凍保存7天

做法

1. 薑切片。蔥切段。
2. 豬皮洗淨放入滾水中，加入薑片、蔥段和米酒，以大火煮約10分鐘，撈出沖水清洗，刮除多餘的肥油脂。
3. 將豬皮放入內鍋，加入水至可淹蓋豬皮，外鍋倒入2杯水，按下煮至開關跳起後再燜約5分鐘。
4. 取出豬皮切成絲，加入調味料拌勻醃30分鐘，再放入蒜末、辣椒末、蔥末和香油拌勻即可。

料理小撇步

至傳統市場購買豬肉時，可順便向豬肉販要豬皮。若單買豬皮，價格也不算高。

part
2
省時

利用已處理過的食材、
半成品快速做菜

省時3撇步

急急忙忙下班回家，想在短時間內做出3、4道菜，真不是件容易的事。想要吃得健康吃得好，是需要動動腦筋的。建議你在假期或閒暇時，預先製作半成品或可冷藏保存的料理，平日只要取出加熱或稍微加工即可食用。

1 事先做好 放在冰箱保存

可在假日、空閒時事先製作好，再放入冰箱保存。當一天忙碌回到家，只要取出加熱就可食用，省下不少時間。

事先做好　當天加工

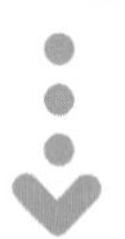

雞翅

（1分鐘就OK）

滷雞翅（做法參照p.52）

雞腿

（1分鐘就OK）

醉雞腿（做法參照p.59）

2 市售成品或半成品加以組合

可以購買像火腿、熱狗等市售成品，以及冷凍蔬菜、鑫鑫腸，再搭配白飯、麵類，可縮短做菜的時間。

三色豆

（只花了**5**分鐘）

熱狗三色豆炒飯

（做法參照p.65）

鹹蛋

（**1**分鐘就**OK**）

鹹蛋炒苦瓜

（做法參照p.40）

3 只用一種烹調器具

只用一種烹調工具就能做好一道菜，真是再方便不過。一個炒鍋、電鍋、電子鍋、微波爐，輕鬆做菜的同時還可兼做其他事，省下不少時間。

最佳器具　當天操作

電鍋

（只花了**15**分鐘）

蝦泥鑲香菇

（做法參照p.41）

電子鍋

（**1**分鐘就**OK**）

花菇燜筍

（做法參照p.44）

微波爐

（**5**分鐘就**OK**）

沙茶小棒腿

（做法參照p.57）

鹹蛋苦瓜

【2人份】

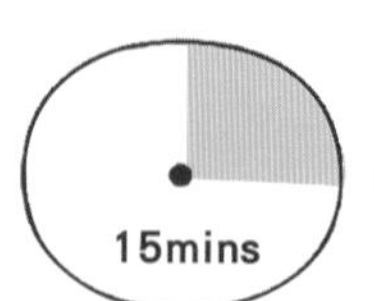

材料

苦瓜300克
鹹蛋2個
蒜末2小匙
辣椒末2小匙
水1大匙
米酒少許

調味料

鹽少許
糖1/4小匙
雞粉少許

做法

1. 苦瓜洗淨去頭尾，挖去籽，切片放入盤中，倒入1大匙水，包上保鮮膜留1小洞。
2. 鹹蛋剝除外殼，切小片放入另一盤中，加入蒜末、少許油、米酒拌勻，用保鮮膜包好留1小洞。
3. 將苦瓜盤、鹹蛋盤一起放入微波爐中加熱約2分鐘，取出打開保鮮膜，將鹹蛋倒入苦瓜中，加入調味料、辣椒末拌勻，再包上保鮮膜，放入微波爐再加熱2分鐘即可。

料理小撇步

由於每個家庭使用的微波爐功率瓦數不同，如果2分鐘的微波時間不夠長，可稍微延長加熱時間至食材熟。

料理小撇步

做法4.中在電鍋內需放入一個高腳蒸架，再將香菇盤放上，高腳蒸架的優點是當食物蒸好比較容易端出，手不會燙到。

蝦泥鑲香菇

【4人份】

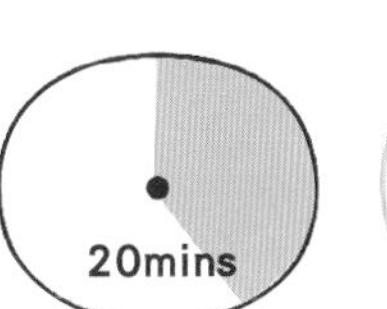

材料

蝦仁180克
馬蹄3個
蒜末2小匙
蔥末1小匙
薑末1小匙
新鮮香菇8朵
太白粉1/2大匙
蛋白1大匙
太白粉適量
水150c.c.

調味料

鹽1/4小匙
糖少許
胡椒粉少許
米酒1小匙

做法

1. 蝦仁洗淨擦乾，挑除腸泥後拍扁剁碎。馬蹄去皮洗淨，拍扁剁碎。
2. 將蝦碎倒入容器中，加入調味料拌勻，續入馬蹄碎、蒜末、蔥末、薑末、太白粉和蛋白拌勻，即成蝦泥。
3. 新鮮香菇洗淨後瀝乾，切除梗，刷上少量太白粉，填入拌好的蝦泥。
4. 將香菇一個個排在蒸盤上，蓋上保鮮膜。電鍋中放入一個蒸架，放上香菇蒸盤，外鍋倒入150c.c.的水，蓋上電鍋鍋蓋，按下開關煮至開關跳起即可。

料理小撇步
以電子鍋拌炒菜，勿使用一般鍋鏟，會刮壞電子鍋的內鍋。可用筷子或飯匙、木匙翻炒即可。

開陽白菜
【4人份】

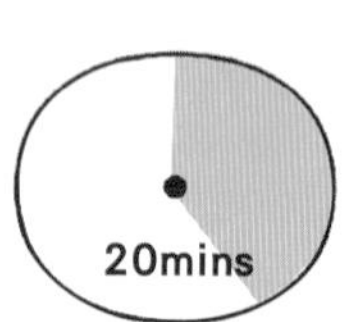

材料

大白菜400克
香菇3朵
蝦米25克
蒜末1小匙
蔥10克
熱開水200c.c.
太白粉水適量

調味料

鹽1/2小匙
糖1/4小匙
烏醋少許
胡椒粉少許

做法

1. 香菇洗淨，放入冷水泡軟後瀝乾切絲。蝦米洗淨，放入冷水中略泡後瀝乾。
2. 大白菜洗淨切片。蔥切段。
3. 電子鍋內擦乾，按下開關，倒入2大匙油，放入蒜末、蔥段、香菇絲和蝦米爆香，續入大白菜，蓋上鍋蓋煮1分鐘，打開鍋蓋再翻炒一下，倒入200c.c.的熱開水。蓋上蓋子煮約5分鐘，加入調味料煮至入味，加太白粉水勾芡即可。

蔬果菜卷

【4人份】

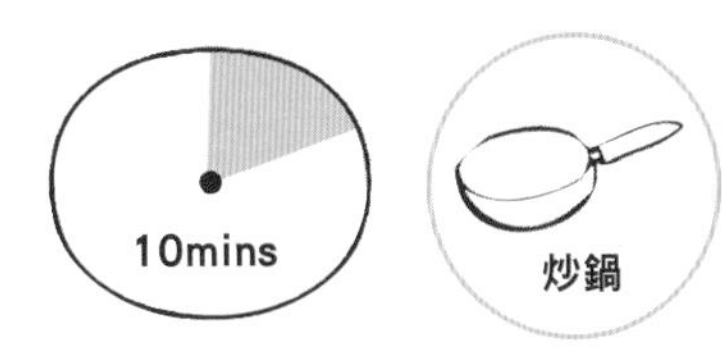

材料

高麗菜葉5片
紅甜椒1/2個
黃甜椒1/2個
小黃瓜1/2條
蘋果1/2個

調味料

市售千島沙拉醬適量

做法

1. 高麗菜葉洗淨，放入滾水中燙熟，取出放入冰水中泡。
2. 紅、黃甜椒切開，去出籽切絲。小黃瓜切絲。蘋果削除外皮，去籽後切絲。
3. 將高麗菜梗修平，整片葉片鋪平，放上適量的紅、黃甜椒絲、小黃瓜絲和蘋果絲，然後捲起，左右兩邊的葉片往內再捲好，成一蔬果菜卷即可。食用時，可沾上千島沙拉醬。

再一道好菜

除了市售的千島沙拉醬，換換口味來個水果沙拉醬也不錯。將100克芒果、1顆柳丁去皮、去籽、切小塊，冰2個小時後取出，連同1/4顆檸檬汁，放入果汁機攪打成泥狀。可沾著蔬菜、海鮮等食用。

省時 •••>
電子鍋做菜時
可做其他事

花菇燜筍

【4人份】

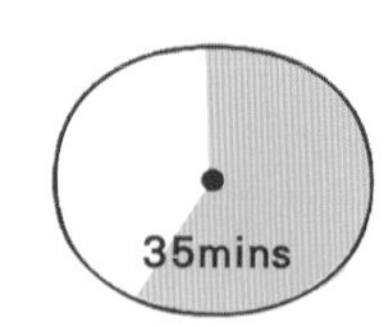

材料

花菇8朵
綠竹筍400克
薑片10克
水1,000c.c.

調味料

素蠔油2大匙
淡醬油3大匙
冰糖1小匙
米酒1大匙

做法

1. 花菇洗淨，放入冷水中泡。綠竹筍切成塊狀。
2. 電子鍋擦乾，按下開關，倒入2大匙油，先放入薑片爆香，續入花菇炒香，加入筍塊。
3. 倒入調味料、1,000c.c.的水，蓋上鍋蓋，按下開關，待煮滾後再煮15分鐘，拉起開關續燜15分鐘即可。

料理小撇步

1. 這裡使用的電子鍋是一般按鍵式開關的電子鍋，並非微電腦式的，亦可將材料放入一般炒鍋中煮。
2. 利用電子鍋煮東西，煮滾時鍋蓋上的孔洞會冒出白煙，所以不用打開鍋蓋看，看見白煙就表示煮滾了。

再一道好菜

涼拌茄子怎麼做？可先將茄子切段，放入滾水中煮熟，撈出瀝乾後搭配蒜蓉醬食用，蒜蓉醬做法可參照p.35的做法2.。茄子要選擇以手拿起可甩來甩去，較有彈性的為佳。

蒜香茄子
【3人份】

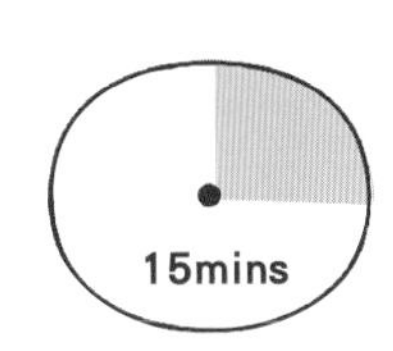

材料

茄子450克
蒜末2小匙
辣椒末2小匙
蔥末2小匙

調味料

鹽1/4小匙
雞粉1/4小匙
米酒1小匙
水1大匙

做法

1. 茄子切掉頭部，洗淨切段。
2. 鍋中倒入適量油，待油溫升至170℃，放入茄子炸至茄子變色且變軟，撈出瀝乾油份。
3. 鍋燒熱，倒入少量油，先放入蒜末、辣椒末和蔥末爆香，續入茄子、調味料拌炒至入味即可。

省時 •••>
微波爐做菜最快

利用已處理過的食材、
半成品快速做菜

料理小撇步

1. 切魚片時不要切得太薄，否則以筷子挾取時魚肉容易碎掉。
2. 做法2.中將魚片先放入滾水中拌過，可縮短煮魚片的時間。

蒜苗魚片

【3人份】

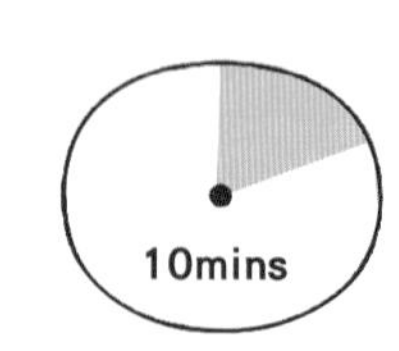

材料

鯛魚250克
蒜苗20克
薑末1小匙

調味料

醬油1/2大匙
醬油膏1大匙
味醂1小匙
米酒1小匙
香油1匙
開水1大匙

醃料

鹽少許
米酒1小匙
太白粉少許

做法

1. 鯛魚洗淨切塊，加入醃料拌勻，醃約10分鐘。蒜苗切粗末。
2. 準備一鍋滾水，放入魚塊拌一下，撈出瀝乾。
3. 將調味料、薑末倒入容器拌勻，加入魚塊拌勻，放入蒜苗，整個裝盤，蓋上保鮮膜，放入微波爐中加熱2～3分鐘即可。

煙燻花枝

【3人份】

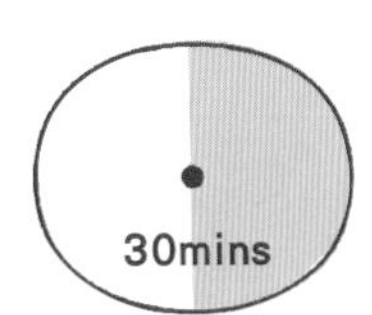

材料

花枝1隻（約800克）
薑15克
蔥15克
八角1粒
胡椒粒5克
水1,150c.c.

調味料

醬油100c.c.
冰糖1/2小匙
米酒1大匙
鹽少許
香油少許

煙燻料

麵粉3大匙
糖1大匙
茶葉1大匙

做法

1. 花枝洗淨。薑切片。蔥切段。
2. 將全部材料、除香油以外的調味料放入鍋中，倒入1,000c.c.的水，放入電鍋內，外鍋倒入150c.c.的水，按下電源開關，煮至開關跳起，打開鍋蓋將花枝翻面，再蓋上鍋蓋燜約10分鐘，取出花枝。
3. 先將1張錫箔紙放入炒鍋中，放入煙燻料的材料，再放上鐵架，排上花枝，蓋上鍋蓋，以中火燻5分鐘至上色，取出花枝，可刷上香油再切片。

料理小撇步

1. 在做法3. 的煙燻步驟時，鍋底先鋪放一張錫箔紙，等煙燻完成後直接將整張紙連同煙燻料一起丟棄，可節省清理時間。
2. 煙燻的口味很多，除了放茶葉，也有人放入咖啡粉。放入麵粉是為了使花枝表面更快上色。
3. 做法2.中，煮好的花枝可放在鍋中泡久一點，肉比較入味。

烤香魚

【2人份】

15mins

材料

香魚2尾

檸檬1/4個

調味料

米酒少許

鹽1小匙

做法

1. 香魚洗淨瀝乾，兩面魚身都先均勻抹上米酒，再抹上鹽。
2. 烤架刷上少許油，排放上香魚，烤架下盛放一個平盤。
3. 放入已預熱的烤箱，以200℃烤約15分鐘即可。

料理小撇步

1. 烤架上刷少許油，可避免魚肉和烤架連在一起，使魚肉破掉。
2. 在烤魚的過程中會滴油，所以在烤架下盛放一個平盤以盛裝油，較易清理。
3. 建議不要將魚放在盤中再入烤箱中烤，魚會因滲出的油和水而變得比較濕，缺少了酥酥的口感。

利用已處理過的食材、
半成品快速做菜

料理小撇步
做法1.中魚身上抹的米酒是份量外的，抹上適量即可。

醬燒鮮魚
【3人份】

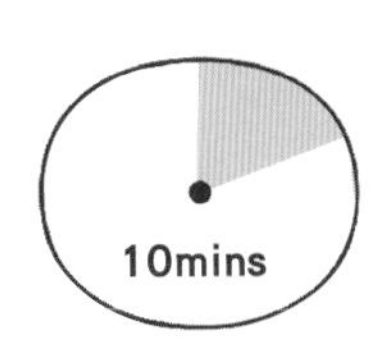

材料

鮮魚1尾（約500克）
蒜末2小匙
薑末2小匙
蔥末2小匙
辣椒末2小匙

調味料

醬油1大匙
醬油膏2大匙
烏醋1/2小匙
糖1小匙
米酒1小匙
水1大匙

做法

1. 鮮魚洗淨，抹上米酒醃約5分鐘，放入蒸盤。
2. 將全部調味料倒入容器中拌勻，再放入蒜末、薑末、蔥末和辣椒末略拌一下。
3. 將調好的做法**2.** 淋在鮮魚上，蓋上保鮮膜，放入微波爐中加熱5～6分鐘至魚肉熟即可。

省時 •••>
假日做好菜
放在冰箱

利用已處理過的食材、
半成品快速做菜

料理小撇步

1.五味醬一般多搭配海鮮，像九孔、花枝、生蠔等一起食用。
2.中卷的剝皮方式可參照小圖，先拉出頭，拔出軟管，再剝除外皮。

五味中卷

【3人份】

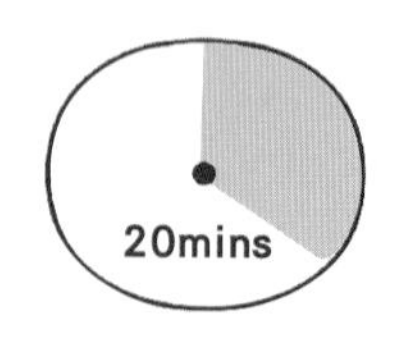

材料

（1）
中卷1隻
薑10克
蔥10克
（2）
蒜末2克
薑末2克
香菜末2克
蔥末2克
辣椒末2克

調味料

醬油1/2大匙
醬油膏1大匙
蕃茄醬1/2大匙
烏醋1小匙
糖1/2小匙
香油1小匙

做法

1. 中卷洗淨瀝乾。材料（1）中的薑切片，蔥切段。
2. 鍋中倒入適量水，放入薑片、蔥段煮，待滾後放入中卷，以小火煮熟，取出放入冰水中泡，取出待涼後切圈片。
3. 將全部調味料倒入容器中拌勻，再加入材料（2）拌勻，即成五味醬。
4. 欲食用時，淋上適量五味醬。

白灼蝦

【3人份】

材料

鮮蝦400克
薑10克
蔥10克

調味料

（1）
米酒1小匙
鹽1/2小匙
（2）
醬油適量
芥末醬適量

做法

1. 鮮蝦洗淨，修剪鬚、頭尖，去掉沙腸。薑切片。蔥切段。

2. 鍋中倒入適量水，放入薑片、蔥段煮，待滾後加入調味料（1），放入鮮蝦煮，再次滾後改以小火煮熟，撈出放入冰水中泡，撈出瀝乾。

3. 醬油、芥末醬拌勻。欲食用時，沾取適量拌勻的醬料即可。

料理小撇步

1.鮮蝦需去除腸泥，可在鮮蝦第二或三結處，以牙籤刺入肉中挑出腸泥。
2.做法2.中可加入些許鹽，煮出來的鮮蝦味道較鮮美。

滷雞翅

【10隻】

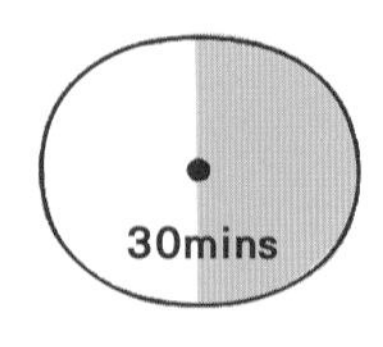

材料

雞翅10隻
市售滷包1包
蔥15克
乾辣椒10克
花椒粒2克
水1,000c.c.

調味料

醬油150c.c.
辣豆瓣醬1大匙
冰糖1/2大匙
米酒2大匙

做法

1. 雞翅洗淨瀝乾，倒入適量的滾水略拌一下，撈出瀝乾。蔥、乾辣椒都切段。
2. 鍋燒熱，倒入1大匙油，先放入蔥段、花椒粒和乾辣椒段爆香，續入調味炒香。
3. 倒入1,000c.c.的水煮，待滾後放入雞翅、滷包煮，再次滾後改以小火滷約10分鐘，熄火，雞翅不取出，在原鍋中再泡一下，待涼再取出即可。

料理小撇步

1. 自製滷包怎麼做？可將2顆草果拍碎，10克桂皮拍碎，連同3片月桂葉、2個八角、5克桂枝、1克胡椒粒和少許花椒粒、豆蔻裝入小棉布袋中綁緊，再和食材一起滷。
2. 在滷雞翅的同時，也可放入雞腳一起滷。但若是想滷豆乾、素雞、海帶、雞蛋等，必須先將滷好的雞翅取出，再滷一次，避免豆類的特殊味道使滷汁變酸。

利用已處理過的食材、
半成品快速做菜

料理小撇步
可在滷好的豬舌外表刷上一層薄薄的香油，豬舌吃起來才不會太乾。

滷豬舌
【4人份】

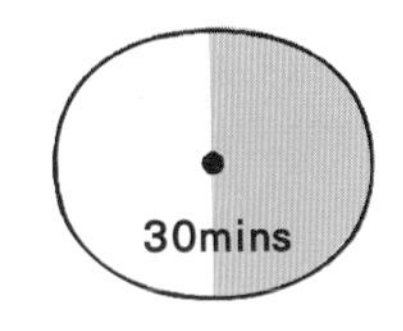

冷藏保存
7天

材料
豬舌1個
蔥末2小匙
辣椒末2小匙
八角2粒
花椒粒3克
桂皮10克
草果2個
蔥10克
薑10克
水1,200c.c.

調味料
醬油200cc
冰糖2小匙
辣椒醬1大匙
胡椒粉少許

做法
1. 豬舌洗淨，用免洗筷子插著放入沸水中煮約10分鐘，取出刷洗乾淨。蔥切段。薑切片。
2. 將全部調味料放入內鍋，加入八角、花椒粒、桂皮、草果、蔥段、薑片和1,200c.c.的水拌勻，放入豬舌，整個移入電鍋中，外鍋加入1杯水，蓋上鍋蓋，按下電源開關煮至開關跳起，續燜約5分鐘。
3. 打開鍋蓋，將豬舌翻面，外鍋再加半杯水，蓋上鍋蓋，按下電源開關煮至開關跳起，續燜約5分鐘，待涼取出切片。
4. 撒上蔥末、辣椒末，可淋上少量滷汁即可。

利用已處理過的食材、
半成品快速做菜

料理小撇步

1. 這道燒烤肉片也可以用烤箱製作，記得烤盤上要先刷一層薄薄的油，再放上肉片去烤。
2. 加入雪梨汁醃肉片，可使肉片吃起來較嫩，另也可改用蘋果汁、鳳梨汁等新鮮果汁來醃。

燒烤肉片

【3人份】

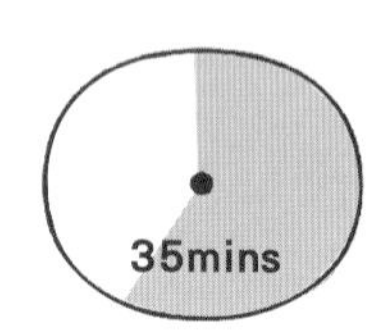

材料

里脊烤肉片250克
蒜末2小匙
蔥末2小匙
熟白芝麻適量

醃料

醬油3大匙
糖1/4小匙
雪梨汁3大匙
米酒1小匙
胡椒粉少許

做法

1. 將里脊烤肉片洗淨，加入蒜末、醃料拌勻，醃約30分鐘。
2. 鍋燒熱，倒入少許油，放入里脊烤肉片煎至上色，再翻面煎至熟，取出放入盤中，撒上蔥末、熟白芝麻即可。

蒜泥小里脊肉片

【4人份】

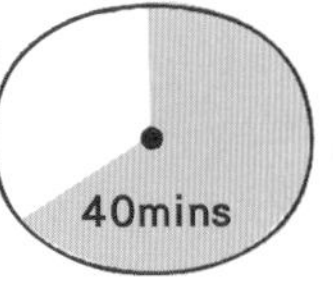

材料

小里脊肉1條
（約350克）
小黃瓜適量
薑10克
蔥10克
蒜泥2小匙
米酒少許
水適量

調味料

醬油膏3大匙
糖1/2小匙
醬油1小匙
開水1大匙

做法

1. 薑切片。蔥切段。小黃瓜切絲。
2. 小里脊肉洗淨後放入內鍋，加入薑片、蔥段、米酒和水（可蓋過肉片）。
3. 將內鍋放入電鍋中，外鍋倒入1杯水，蓋上鍋蓋，按下電源開關，煮至開關跳起後再續燜約5分鐘，取出待涼。
4. 將所有調味料倒入容器中，加入蒜泥拌勻成醬汁。
5. 將涼了的小里脊肉切片，排入盤中，放上小黃瓜絲，食用時沾上醬汁即可。

料理小撇步
蒜泥小里脊肉片搭配小黃瓜絲吃很清爽，也可加上嫩薑絲或香菜。

洋蔥豬排
【4人份】

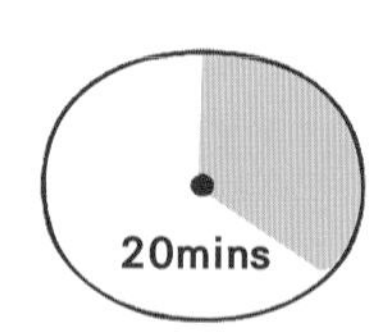

材料
豬排300克
洋蔥1/2個
蔥15克
水30c.c.

調味料
醬油1小匙
辣醬油1小匙
鹽少許
黑胡椒碎少許

醃料
醬油1大匙
糖少許
米酒1/2匙

做法
1. 豬排洗淨瀝乾，以刀背或肉槌拍鬆，加入醃料拌勻，醃約10分鐘。
2. 洋蔥洗淨，去頭尾後切絲。蔥切段。
3. 鍋燒熱，倒入少量油，放入豬排煎熟，取出。
4. 另一鍋燒熱，倒入1大匙油，先放入洋蔥絲、蔥段爆香且炒至微軟，續入調味料炒勻，倒入30c.c.的水，放入豬排炒至入味即可。

料理小撇步
也可將煎好的豬排和市售的蕃茄醬燒煮成洋蔥茄汁豬排，一樣好吃。

料理小撇步

1.在做法1.中小棒腿先以熱水泡過，可以去除腥味和油份，並且縮短烹煮的時間。

2.也可換成去骨雞腿切成塊來煮。

沙茶小棒腿

【4人份】

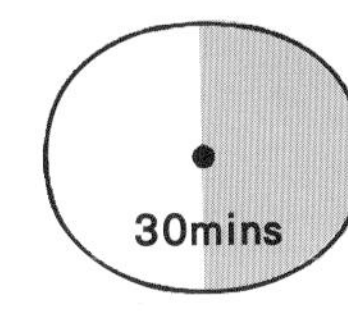

材料

小棒腿8隻

蔥段10克

辣椒10克

蒜末1小匙

調味料

沙茶醬2大匙

醬油1大匙

米酒1大匙

糖1/2小匙

做法

1. 小棒腿洗淨，倒入滾水泡約1分鐘，撈出瀝乾。蔥切段。辣椒切片。
2. 將全部的調味料倒入容器中拌勻，放入小棒腿略拌一下，續入蔥段、辣椒片和蒜末拌勻，蓋上保鮮膜。
3. 將做法**2.** 整鍋移入電鍋中，外鍋倒入1杯水，蓋上鍋蓋，按下電源開關煮至開關跳起，續燜約5分鐘，取出稍微拌一下即可。

省時
假日做好菜
放在冰箱
利用已處理過的食材、
半成品快速做菜

醉雞腿
【4人份】

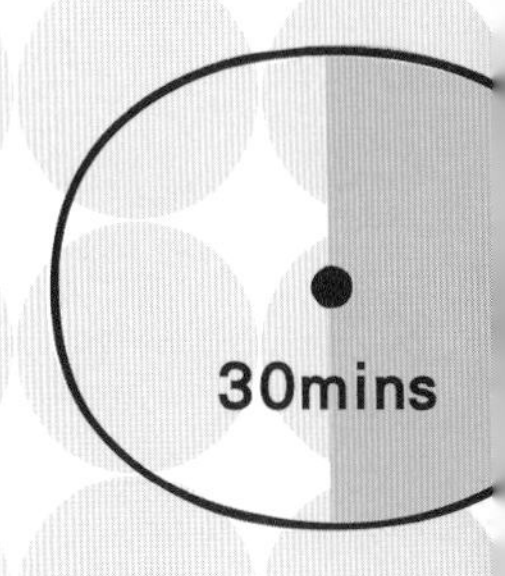

材料
雞腿1隻
當歸1小片
紅棗5個
蔘鬚2支
枸杞適量
水400c.c.
薑5克

調味料
米酒少許
鹽1小匙
紹興酒200c.c.

做法

1. 薑切片。雞腿洗淨後去骨，抹上少許米酒，放入蒸盤，加入薑片，用保鮮膜包好。
2. 取內鍋，放入中藥材，倒入400c.c.的水。
3. 將內鍋放入電鍋，外鍋加1杯水，再放入蒸盤，蓋上鍋蓋，按下電源開關煮至開關跳起，續燜約5分鐘，打開鍋蓋，取出蒸盤待涼。
4. 內鍋加入紹興酒、鹽拌勻，取出待涼後倒入保鮮盒，放入雞腿，移入冰箱冷藏約1天。欲食用時，取出切片，抹上少許米酒即可。

料理小撇步

1. 這道醉雞腿中加入了紹興酒，可使雞腿肉更香。
2. 做好的醉雞腿可一直放在冰箱中冷藏保存，欲食用時再取出部分切片。

再一道好菜
可將1隻雞腿蒸熟後切塊，放入盤中，撒上蔥絲，淋上熱油，即成蔥油雞。可取泡醉雞的湯汁來泡白灼蝦，就成了醉蝦。

省時
假日做好菜
放在冰箱
利用已處理過的食材、
半成品快速做菜

培根蔬菜豆渣煎餅

【2人份】

材料

培根80克
高麗菜100克
胡蘿蔔30克
青椒40克
豆渣60克
蒜末2小匙
麵粉100克
雞蛋1個
水1,100c.c.

調味料

鹽1/4小匙
雞粉少許
胡椒粉少許

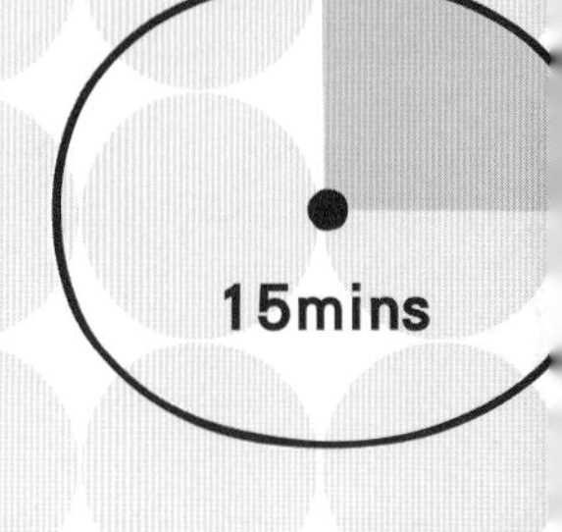

做法

1. 培根、高麗菜、胡蘿蔔和青椒都切絲。
2. 鍋燒熱，放入豆渣炒散且出現香味，取出。
3. 另一鍋燒熱，先倒入少許蒜末爆香，續入胡蘿蔔絲、高麗菜絲和青椒絲炒至微軟。
4. 將麵粉加入1,100c.c.的水拌勻，加入雞蛋再拌一下，放入豆渣、胡蘿蔔絲、高麗菜絲、培根絲、青椒絲和調味料拌勻，即成麵糊。
5. 鍋再燒熱，倒入少許油，倒入麵糊煎至定型，再翻面煎至熟且上色即可。

料理小撇步

這裡使用的豆渣是自製豆漿時留下來的，丟棄可惜，用來做煎餅最適合。

再一道好菜

營養又好喝的豆漿怎麼做？可將100克的黃豆放入鍋中，加入適量的冷水泡約6小時。將泡好的黃豆和1,000c.c.的水倒入果汁機中攪打均勻，倒出過濾出豆渣和生豆漿，最後再把生豆漿倒入鍋中煮滾即可。

省時 •••›
假日做好菜
放在冰箱

利用已處理過的食材、
半成品快速做菜

咖哩牛肉炒麵

【2人份】

材料

牛肉片200克
厚陽春麵250克
洋蔥60克
青椒40克
紅甜椒40克
咖哩粉1大匙
蒜末2小匙

調味料

鹽1/4小匙
雞粉1/4小匙
糖少許

醃料

醬油1/4小匙
鹽少許
米酒1小匙
太白粉少許

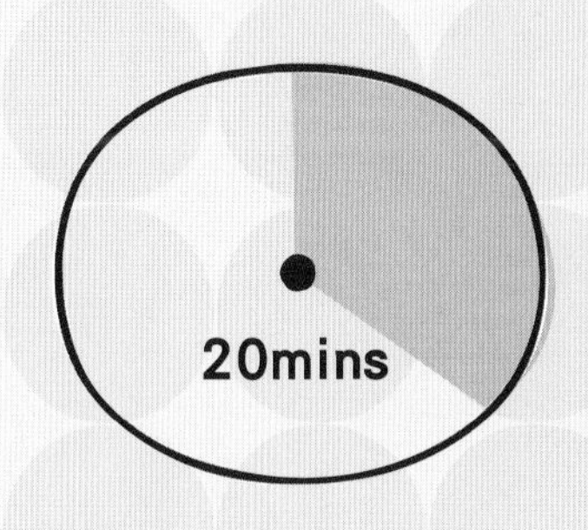

做法

1. 將牛肉片放入容器中，加入醃料，醃約10分鐘。洋蔥、青椒和紅甜椒都切絲。
2. 鍋中放入適量水煮滾，加入麵條煮，待水滾倒入1杯水繼續煮一下，撈出。
3. 鍋燒熱，倒入2大匙油，先放入蒜末爆香，續入牛肉片炒至顏色變白後取出。原鍋放入洋蔥絲炒至微軟，加入咖哩粉炒香，再放入青椒絲、紅甜椒絲、牛肉片、麵條和調味料、適量的水炒至入味即可。

料理小撇步

這道炒麵中使用的是咖哩粉，炒好的麵較乾，放入冰箱保存的時間也較久。若使用的是咖哩醬或咖哩糊，最好在短時間內吃完。

再一道好菜

同樣的材料只要將麵條換成冬粉，就成了咖哩炒冬粉。將3把冬粉放入滾水中汆燙後撈出。鍋燒熱，放入蒜末、牛肉片炒至肉變色，全部取出。原鍋放入洋蔥絲炒軟，加入咖哩粉炒香，再入青、紅椒絲、牛肉片、冬粉、調味料和少許水炒至入味即可。

省時 ···> 用成品加工做菜

利用已處理過的食材、半成品快速做菜

熱狗三色豆炒飯

【2人份】

材料

熱狗60克
冷凍三色豆60克
蒜末2小匙
洋蔥末2小匙
剩飯250克

調味料

醬油1小匙
鹽1/4小匙
雞粉1/4 小匙
黑胡椒碎少許
香油1小匙

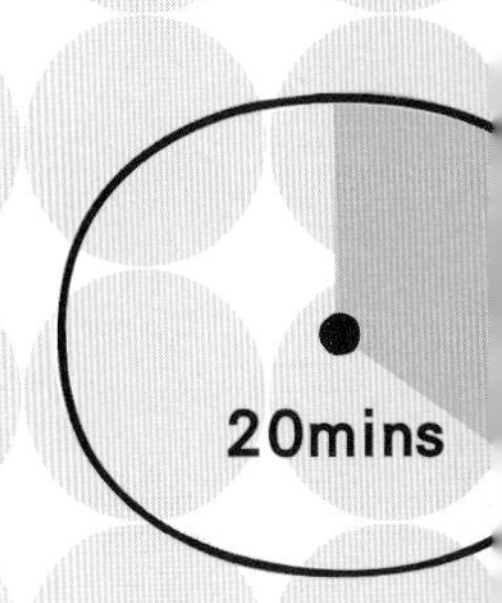

做法

1. 熱狗切丁。
2. 鍋燒熱，倒入2大匙油，先放入熱狗丁炒香，取出。
3. 原鍋放入蒜末、洋蔥末爆香，續入剩飯和熱狗丁，將飯炒散，加入三色豆和調味料炒勻且入味即可。

小熱狗大變身！

只要一把小刀和豐富的想像力，你也能讓小熱狗大變身。放在便當裡，成為所有人目光的焦點。

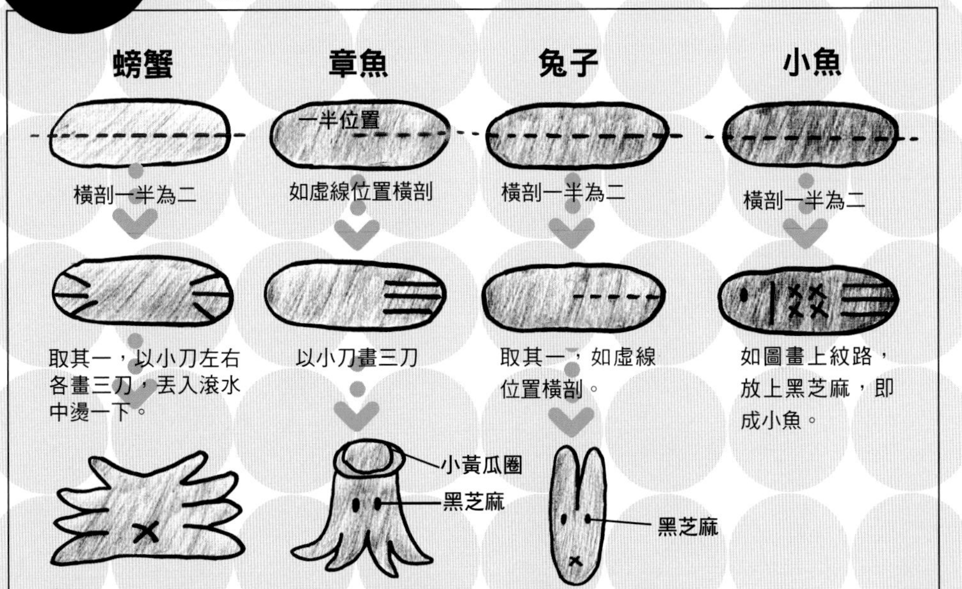

料理小撇步

白飯冷掉或過夜後缺乏水份，飯粒變得乾燥，這時可利用冷飯來製作炒飯，炒好的飯還會粒粒分明。

省時 •••>
假日醃好食材
放在冰箱

利用已處理過的食材、
半成品快速做菜

蝦仁燒肉片炒飯
【2人份】

材料
蝦仁100克
熟燒烤肉片60克
蒜末2小匙
蔥末1大匙
白飯250克
高麗菜50克

醃料
鹽少許
糖少許
米酒1/2小匙
太白粉少許

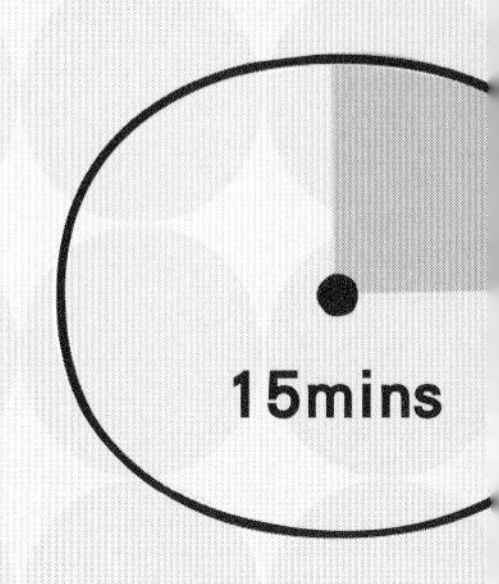

做法

1. 蝦仁洗淨瀝乾，挑出腸泥，放入容器中，加入醃料醃約10分鐘。
2. 燒烤肉片做法參照p.54，將肉片切成小丁。高麗菜洗淨切小丁。
3. 鍋燒熱，倒入1大匙油，先放入蒜末爆香，續入蝦仁炒熱，取出。
4. 原鍋再加入1大匙油，放入一半蔥末爆香，續入白飯、高麗菜丁炒散，加入醬油炒香且飯粒均勻，最後加入蝦仁、肉片丁和剩餘的蔥末炒勻即可。

料理小撇步
買回來的蝦仁要先泡冷水，再撈出清洗乾淨，若留有腸泥則需去除才可以烹調。

再一道好菜
好吃的蝦仁還可以做鳳梨蝦仁炒飯。將鍋燒熱，倒入2大匙油，先放入2小匙蔥末、2小匙蒜末爆香，續入100克蝦仁炒至變色，再入120克鳳梨片和適量白飯炒散，加入些許鹽、糖和胡椒粉拌炒至入味即可。

我要煮好吃的白飯

同樣是煮飯，我不想再煮得黏糊、太乾了，顆粒分明的白飯才是我的最終目標！你也有相同的失敗經驗嗎？跟著我一起用電子鍋或電鍋學煮飯吧！

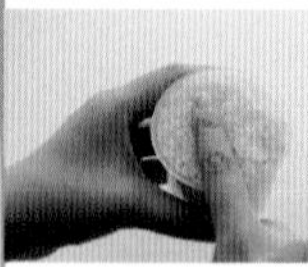

1. 量米
將量米杯舀滿白米，以食指抹平量米杯表面，抹掉多餘的白米。

2. 加入清水
倒入大量的清水，使白米完全浸泡在清水中。

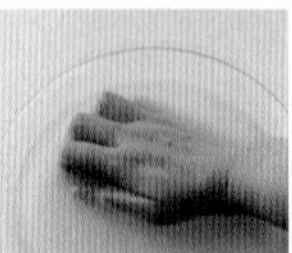

3. 洗米
以大拇指下方手掌肉較厚處輕揉搓米，不可太用力，以免將米壓碎。

4. 揉洗數次
來回揉洗數次，中途要換乾淨的水。直到洗米水不再渾濁。

5. 倒入鍋中開始煮
無論使用電鍋或電子鍋煮，先倒入洗好的米，加入適量的水（若為4杯白米，可加入4杯多一點的水）、一滴油，按下開關煮即可。

很簡單還是要注意！

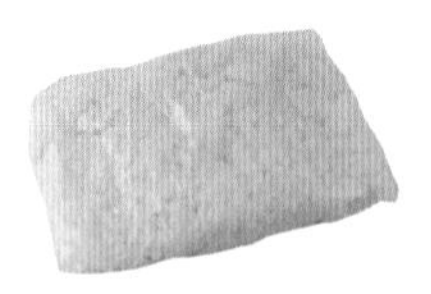

吃不完的飯怎麼辦？
將吃不完的白飯分成數份，以保鮮膜包好，放入冰箱冷凍。欲食用時，直接放入微波爐中，保鮮膜上刺幾個洞再加熱解凍即可。

隔夜的冷飯怎樣最好吃？
隔夜的冷飯因還保有水份，在以微波爐加熱時，可不需包上保鮮膜，直接加熱即可。但如果飯粒已無水份、無油成乾飯，可在飯上面撒點水，包上保鮮膜加熱。

米桶放這裡好嗎？
一般人習慣將米桶放在廚房，但廚房高溫且濕氣重，最不適合儲放米。此外，也要避開水槽下方、冰箱旁等地方，盡量放在陰暗且通風良好的地方。

白飯變身豆皮壽司！
先在熱白飯中加入少許壽司醋稍微拌一下，握成一小糰。再將小白飯糰沾些許白芝麻，放入豆皮中押好即可。

1

2

3

4

白飯變身海苔壽司！
先在熱白飯中加入少許壽司醋稍微拌一下，握成一小糰。將壽司海苔片放在竹簾上，放上白飯鋪平，依序排放上餡料，拉起竹簾將海苔片和餡料包捲起來，預留1公分海苔片不要完全捲起，黏上飯粒，再將竹簾完全包到底，取出整條壽司切好即可。

2

3

4

我學會了煮 QQ麵條

生活中最常吃的就是中式麵條和義大利麵了，如何避免煮好的麵條軟爛、毫無彈性呢？

中式麵條

1. 煮水

準備一鍋滾水，注意麵條容易吸水，所以水量不可太少。

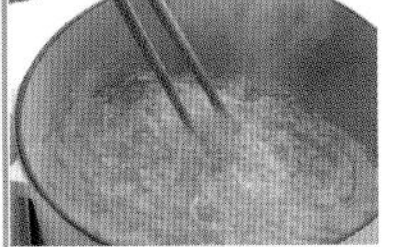

2. 加入麵條

將麵條放入滾水中，記得不要一次放入整糰麵條，可邊將麵條慢慢抖落加入。

3. 煮麵條

煮麵條時，為了避免麵條黏在一起，可以拿一雙長筷子邊攪動麵條邊煮。等麵條第一次煮滾時倒入一碗水。

4. 撈出麵條

麵條再次煮滾時撈出即可。

義大利麵

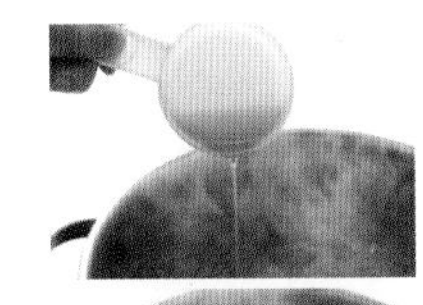

1. 煮水

準備一鍋滾水，水量不可太少，加入些許鹽、橄欖油，可使煮好的麵條熟度一致且略帶有鹹味。

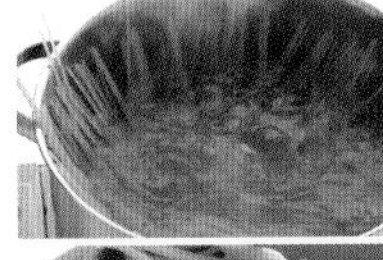

2. 加入麵條

將麵以放射狀的方式放入鍋中，慢慢將麵條壓入鍋中，火可以稍微關小，但須保持麵條仍在鍋中滾動。

3. 煮麵條

可參考麵條包裝袋所寫的煮麵時間，一般約煮10分鐘。喜歡吃軟麵條的人可多煮一下，愛吃硬麵條的人可稍微縮短時間，但麵芯都需煮熟才行撈起。

4. 泡冷水

將撈起的麵條放入冷水中泡一下，可使麵條定型，冷掉後不會軟爛。若沒有馬上食用，可在麵條中加些許橄欖油拌一下。

很簡單還是要注意！

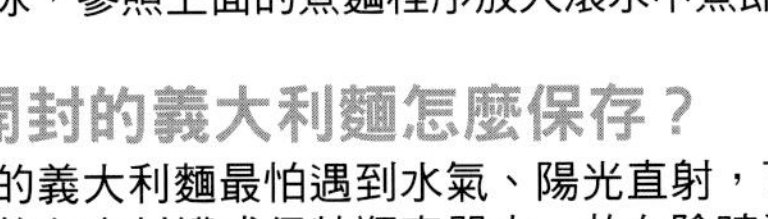

一次買太多麵條怎麼辦？

買太多的生麵條一次吃不完怎麼辦？可將麵條整個放入密封袋中，放入冰箱冷凍保存。欲食用時，取出不用退冰，參照上面的煮麵程序放入滾水中煮即可。

已開封的義大利麵怎麼保存？

開封的義大利麵最怕遇到水氣、陽光直射，可將義大利麵放在密封罐或保特瓶容器中，放在陰暗通風處即可。

自製義大利麵醬省錢又方便？

「紅醬」、「青醬」是搭配義大利麵的基本醬料，會做這兩種醬，配哪種義大利麵都OK。

紅醬DIY

材料：

蕃茄糊（內含蕃茄）1,000克、洋蔥1顆、大蒜3顆、月桂葉（Bay）1片、橄欖油1大匙、胡椒和鹽少許、奧勒岡（Oregano）少許

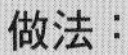

做法：

鍋燒熱，倒入橄欖油，放入洋蔥碎、蒜碎炒熟。續入去皮蕃茄、月桂葉煮約1小時，加入胡椒、鹽調味，撒入奧勒岡即可。

青醬DIY

材料：

松子100克、大蒜5顆、九層塔500克、帕梅森起司粉（Parmesan cheese powder）150克、胡椒和鹽少許、橄欖油300克、鯷魚（anchovy）6條

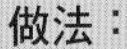

做法：

將松子、大蒜倒入果汁機中打勻，加入橄欖油，續入九層塔、鯷魚和帕梅森起司粉攪打均勻，記得不要打太久，否則醬汁會變黑。

便當MENU（1人份）：

芝麻白飯
白飯上面可以撒些黑、白芝麻、三島香鬆，吃起來會更香。也可在白飯中加入玉米、青豆仁、葡萄乾、松子等揉成飯球。

蒼蠅頭
洋蔥的甘甜味，搭配牛肉、馬鈴薯燉煮最對味。而且這道菜再次加熱，食材更熟透反而更好吃。
（做法參照p.25）

洋蔥牛肉馬鈴薯
超辣重口味的蒼蠅頭最下飯，毫無食慾時，這道菜再適合不過。
（做法參照p.23）

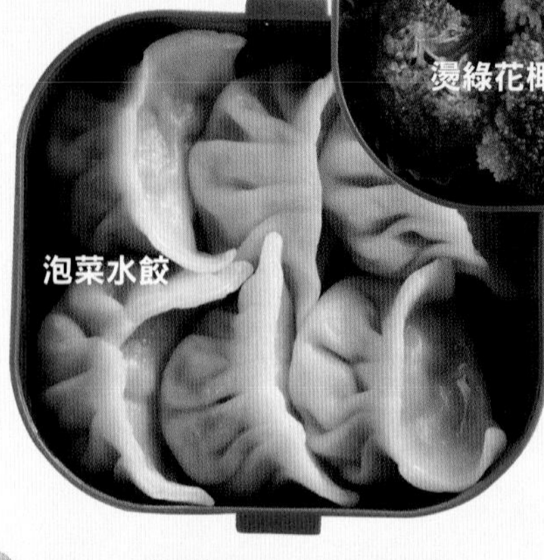

便當MENU（1人份）：

泡菜水餃
水餃也很適合當便當菜，泡菜口味的水餃有別於一般青菜、肉類的水餃，特有的酸辣味，讓人不小心吃了好幾個。（做法參照p.27）

吐司可樂餅
利用吐司邊和絞肉、馬鈴薯泥製作的可樂餅你還沒吃過吧？可樂餅大小可依便當盒做調整。餡料中加入三色蔬菜豆也OK。（做法參照p.33）

燙綠花椰菜
將綠花椰菜放入加了少許鹽的滾水中稍微汆燙，因為還會加熱，不需燙太熟。

小蕃茄
含大量營養素的小蕃茄是飯後水果的最佳選擇，但記得，便當加熱前別忘了先取出。

便當MENU（1人份）：

熱狗三色豆炒飯

炒飯最適合帶便當了！可將冰箱中剩餘不多的材料集中起來，搭配白飯做成炒飯。如果食材已帶鹹味，可不需再加入鹽調味。（做法參照p. 65）

沙茶小棒腿

在家做好沙茶小棒腿，因沙茶醬本身會出油，可先以廚房紙巾將多餘的油吸乾，避免第二次加熱時冒出更多的油。（做法參照p.57）

辣豆豉蘿蔔乾

辣豆豉蘿蔔乾屬於重口味的下飯菜，可搭配白飯，或者未加過多鹽調味的炒飯、炒麵。（做法參照p.81）

燙綠花椰菜

綠花椰菜不要汆燙太熟，否則經過再次加熱菜會變黃、變軟，沒有口感不好吃。

小蕃茄

吃完一個營養豐富的便當後當然要來幾個水果，小蕃茄只要事先洗乾淨，不需剝皮就能吃，可避免弄髒手。

便當MENU（1人份）：

咖哩牛肉炒麵

以咖哩調味的這道炒麵，很適合在炎熱夏天缺乏食慾時食用。咖哩可促進食慾，做成炒麵、炒飯或炒米粉都是不錯的選擇。（做法參照p.63）

滷雞翅

滷雞翅、雞腳、豆乾、雞腿等滷味也是受歡迎的便當菜。可利用閒暇一次做好一鍋，再分次取出加熱食用，是家中不可缺的常備菜之一。（做法參照p.52，滷豬舌做法參照p.53）

辣炒酸菜

酸菜經過鹽醃漬，是重口味又下飯的菜。建議炒酸菜時不要放太多油，酸菜易吸油，避免吃進過多油，有礙身體健康。（做法參照p.88）

part 3

省能源

不用烹調器具，
省電省火保存好吃久久

省能源小法寶！

還有一些料理是完全不需用到烹調器具的，這些多屬於涼拌、醃漬的小菜，只要保存得宜，美味不變。建議多做些放在冰箱當常備菜，菜價漲了不怕沒得吃。

省能源好菜

可以這樣保存

鹹蜆仔（做法參照p91.）

（冷藏可保存7天）

透明罐子、保鮮盒

辣拌高麗菜乾（做法參照p.83）

（冷藏可保存5天）

密封袋、保鮮盒

醃大頭菜（做法參照p.82）

（冷藏可保存7天）

密封袋、保鮮盒

涼拌西瓜皮（做法參照p.28）

（冷藏可保存3天）

密封袋、保鮮盒

涼拌、醃漬菜的容器

各類涼拌、醃漬小菜因製作上不需使用烹調工具，幫你省電節能，而且不會製造油煙污染、做法簡單，更能幫你省下寶貴的時間，不妨利用閒暇做好再保存，隨時都可取用。

哪些食材可以做涼拌、醃漬菜呢？你可以參考p.76～91的食譜。當你做好這些菜，還需注意容器的選擇。此外，瓶罐、保鮮盒等在使用前必須洗淨，然後倒扣使其自然風乾。袋類則以可密封、可寫字的為佳。

【寬口泡菜瓶】

瓶口和瓶身都很寬廣，容量較大，可用來製作泡菜、客家酸菜、酸白菜等，方便取出內容物。

【密封袋】

選擇可密封的拉鍊夾袋，能防止小菜的汁液流出。袋面可寫字較能確定製作時間，以免吃到過期食物。密封袋還有個地方優於瓶罐，它不像瓶罐受限於體積固定，冰箱內只要稍微有空間，放密封袋食物絕非難事。

【寬口矮瓶】

瓶口寬但瓶身較矮，適合放涼拌小菜等或做完幾天內要吃完的醃漬菜。方便取出內容物。

【保鮮盒】

一般超市可以買到各種形狀、大小的保鮮盒。可選擇扁長型的，放入冰箱較不佔空間。此外，保鮮盒並非全都能以微波加熱，使用前需詳看材質。

【醬菜瓶】

當吃完市售的泡菜、醬菜、醬瓜，瓶子丟掉很可惜，可將這些瓶子清洗乾淨，倒扣使其自然風乾，用來盛裝醃漬菜，缺點是容量小。

皮蛋肉鬆豆腐

【2人份】

材料

肉鬆適量
皮蛋1個
嫩豆腐1盒
蔥花10克

調味料

醬油膏2大匙
素蠔油1小匙
糖1/4小匙

做法

1. 皮蛋去殼切開。嫩豆腐取出，放入盤中。
2. 將皮蛋放在豆腐上，撒上肉鬆、蔥花。
3. 將調味料的所有材料拌勻成醬汁，淋在皮蛋肉鬆豆腐上。

再一道好菜

肉末炒皮蛋也是道好吃的菜。鍋燒熱，倒入適量的香油，先放入1大匙辣椒末、蒜末爆香，續入200克的絞肉、皮蛋丁（2個份量）和100克韭菜末炒至絞肉變色，最後加入適量豆豉醬、鹽和糖炒勻即可。

不用烹調器具，
省電省火保存好吃久久

料理小撇步
香椿特殊的香氣，製作成醬後還可以搭配麵條。可將150克的細拉麵煮熟，加上燙熟的小白菜，拌上香椿醬即可。

香椿豆腐

【4人份】

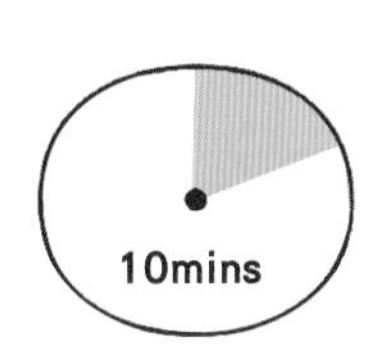

材料

豆腐1盒
香椿葉30克

調味料

素蠔油2大匙
細糖少許
香油少許

做法

1. 香椿葉取較嫩的部份，洗淨後再放入冷開水中洗淨，撈出瀝乾。
2. 將香椿剁成碎末放入碗中，加入鹽拌勻，再倒入油拌勻成香椿醬。
3. 取2匙香椿醬和調味料拌勻。
4. 將豆腐放入盤中，淋入做法**3.**即可。

再一道好菜
香椿炒飯是道特別的炒飯。先將鍋燒熱，倒入1大匙油，先放入1個雞蛋炒散，續入1碗白飯、1大匙香椿醬、少許的鹽和糖拌炒至入味即可。

省能源 •••>
短時間烹調省瓦斯

不用烹調器具，
省電省火保存好吃久久

料理小撇步
乾魷魚該如何發泡呢？可準備一盆水，倒入1大匙鹽，放入乾魷魚泡約1個晚上，泡好的魷魚吃起來較硬且味道鮮甜。此外，也可用1大匙鹼粉取代鹽來發泡魷魚，泡好的魷魚吃起來較脆。

涼拌魷魚
【3人份】

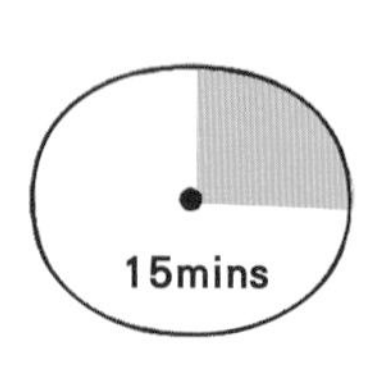

材料
發泡魷魚1尾
薑10克
嫩薑適量
薑泥1小匙

調味料
醬油1大匙
醬油膏2大匙
細砂糖1/2小匙
烏醋1/2大匙
冷開水1/2大匙

做法
1. 在泡好的魷魚上劃些紋路，切片。薑切片，嫩薑切絲。
2. 鍋中倒入適量的水，放入薑片煮，待滾後放入魷魚燙熟，撈出瀝乾，放入盤中，放上嫩薑絲。
3. 將全部調味料拌勻，加入薑泥拌勻成醬汁。食用時沾上醬料即可。

洋蔥鮪魚

【4人份】

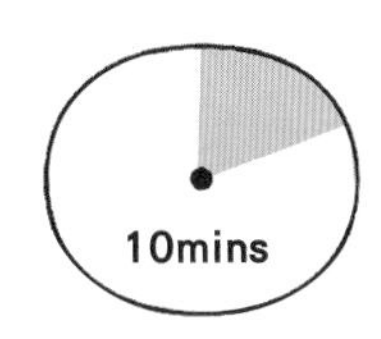

材料

鮪魚1罐（片狀）
蕃茄40克
洋蔥末2小匙
洋蔥30克
玉米粒20克

調味料

美乃滋適量

做法

1. 蕃茄洗淨，去籽後切小丁。
2. 30克洋蔥切絲，放入冰水中泡，撈出瀝乾水份。
3. 鮪魚罐頭打開，瀝乾後加入洋蔥末、美乃滋拌勻，再放入蕃茄丁、玉米粒和洋蔥絲，輕輕拌勻裝盤即可。

料理小撇步

1. 做法2.中鮪魚罐頭的水必須瀝乾，若殘留太多水份，加入沙拉醬後會呈水水的狀態。
2. 這道菜因加入了美乃滋，最好當餐吃完，不可存放。

辣拌白菜梗
【5人份】

可帶便當

冷藏保存3天

材料

白菜梗300克
蒜末2小匙
香菜末1小匙

調味料

辣椒醬2大匙
魚露1大匙
細砂糖1大匙
檸檬汁1大匙
香油1/2大匙

做法

1. 白菜梗洗淨後切粗絲，加入鹽拌勻，醃約10分鐘，以冷水洗淨，瀝乾水份。
2. 加入蒜末、調味料拌勻，再加入香菜末即可。

料理小撇步
白菜梗可挑選山東白菜或天津白菜，不使用白菜的葉子，而是使用梗來做。挑選時，要挑葉片較肥厚的。

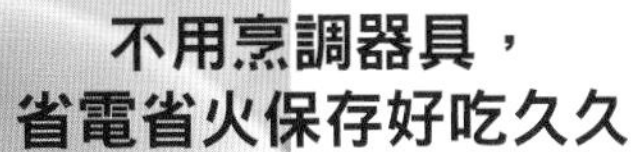

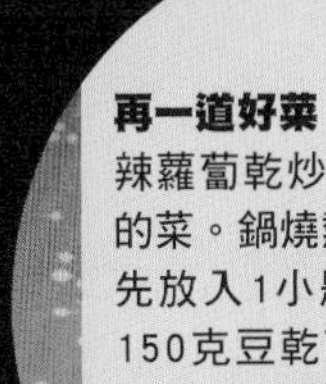

再一道好菜

辣蘿蔔乾炒豆乾丁是道極下飯的菜。鍋燒熱，倒入1大匙油，先放入1小匙蒜末爆香，續入150克豆乾丁炒香且微乾，加入1/2小匙醬油和少許鹽、雞粉炒勻，最後放入辣豆豉蘿蔔乾炒至入味即可。

辣豆豉蘿蔔乾

【6人份】

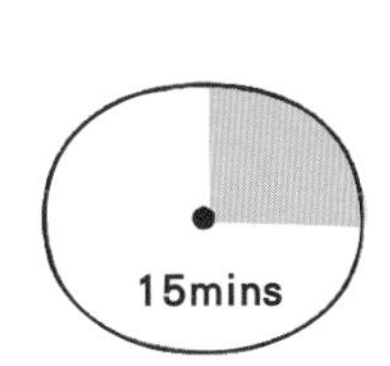

材料

蘿蔔乾200克
豆豉20克
辣椒末2小匙
蒜末2小匙

調味料

辣椒醬1大匙
糖1/2小匙

做法

1. 蘿蔔乾洗淨切細。豆豉稍微洗一下，瀝乾水份。
2. 鍋燒熱，倒入蘿蔔乾炒香，取出。
3. 原鍋燒熱，倒入2大匙油，先放入蒜末、辣椒爆香，續入豆豉炒香，最後放入蘿蔔乾、調味料炒至入味即可。

不用烹調器具，
省電省火保存好吃久久

料理小撇步

1. 大頭菜若切成丁狀，則醃的時間需加長。
2. 也可將大頭菜切成片狀後來醃，加入香菜調味即可。
3. 這道菜是吃冷的，不可加熱，否則大頭菜會變軟，難以咀嚼。

醃大頭菜

【6人份】

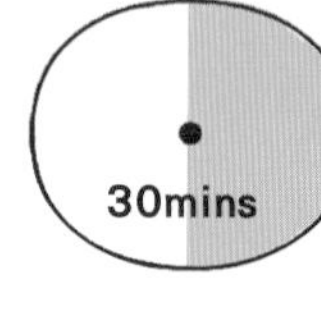

材料

大頭菜400克
蒜末1大匙
青辣椒1條
紅辣椒1條

調味料

鹽少許
糖1大匙
糯米醋1小匙
香油1小匙

做法

1. 大頭菜削除外皮後切成條狀，加入1/3大匙的鹽拌勻，醃約20分鐘，再揉5分鐘，擠乾水份放入容器中。
2. 青辣椒、紅辣椒洗淨擦乾，切去頭部，對剖切開，去籽切成絲狀。
3. 將調味料倒入大頭菜中，加入蒜末，續入青椒絲、紅辣椒絲拌勻即可。

辣拌高麗菜乾

【4人份】

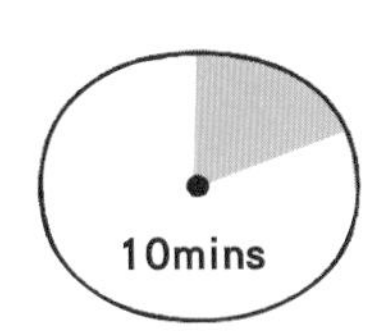

材料

高麗菜片200克

調味料

辣椒醬3大匙
鹽少許
烏醋少許
糖1/2小匙
香油1大匙

做法

1. 高麗菜片泡水3分鐘，洗淨瀝乾，放入滾水中煮，待滾後再煮約1分鐘，撈出瀝乾。
2. 加入調味料拌勻即可。

料理小撇步

1. 一做好放涼要馬上放入冰箱冷藏，食用時再取出。
2. 高麗菜泡水後一定要擠乾，否則做好的高麗菜乾容易爛掉、腐敗。

蒜絲拌豆乾絲

【4人份】

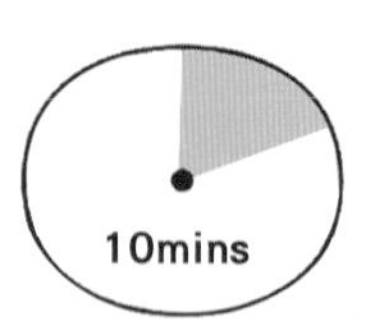

材料

豆乾200克
蒜苗30克
辣椒10克

調味料

淡醬油1小匙
鹽1/4小匙
雞粉1/4小匙
糖少許
香油1小匙

做法

1. 豆乾切片再切絲，放入滾水中汆燙約1分鐘，撈出瀝乾。
2. 蒜苗、辣椒都切絲。
3. 加入調味料拌勻，再放入蒜苗絲、辣椒絲拌均勻即可。

料理小撇步

1.如果是當天購買回來的新鮮豆乾，只要用冷開水洗淨再切絲，再加入蒜苗絲、辣椒絲和調味料拌勻即可，不需再煮過。
2.豆乾絲不可燙太久，否則會爛掉。

芝麻拌牛蒡絲

【4人份】

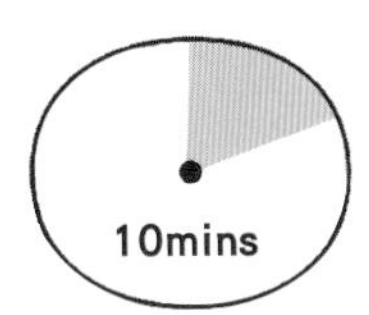

材料

牛蒡1條、
白熟芝麻適量

調味料

鹽1/4小匙
糖1/4小匙
烏醋1小匙
味醂少許
香油少許

做法

1. 牛蒡去頭尾部，削除外皮，切成絲狀，放入冷水中泡，取出瀝乾。
2. 將牛蒡絲放入滾水略拌一下。
3. 加入調味料拌勻，再放入白熟芝麻拌一下即可。

料理小撇步

1. 通常切好的牛蒡可放入醋水中或清水中浸泡，可防止牛蒡變色。
2. 做法1.中牛蒡絲的水份要瀝乾，避免做好的牛蒡絲沒有咀嚼感。

再一道好菜

韭菜搭配炒蛋，重現祖母時代的美味。將鍋燒熱，倒入2大匙油，先放入1個蛋液炒散，續入150克韭菜頭略炒，再放入韭菜尾部，加入少許鹽、雞粉、米酒和水炒至入味即可。

涼拌柴魚韭菜

【3人份】

材料

韭菜200克
柴魚片適量
蒜末1小匙

調味料

醬油膏1大匙
蠔油2大匙
細砂糖1小匙
冷開水1大匙
香油1小匙

做法

1. 韭菜洗淨，放入沸水中煮熟，撈出放入冰水中泡，待涼後取出，擠乾水份，切段排在盤中。
2. 將全部的調味料拌勻，加入蒜末拌勻成醬汁。
3. 將醬汁淋在韭菜上，放些柴魚片即可。

料理小撇步

柴魚片在空氣中很容易受潮，欲食用時再撒上柴魚片，才能確保柴魚片的新鮮。

涼拌四喜

【4人份】

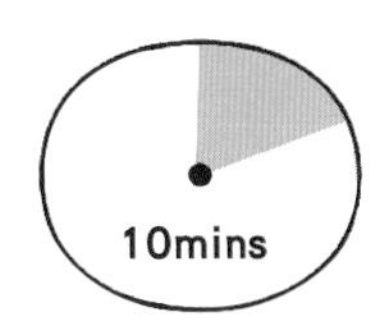

材料

馬鈴薯80克
胡蘿蔔50克
毛豆50克
熟花生100克

調味料

鹽1/4小匙
雞粉少許
糖少許

做法

1. 馬鈴薯、胡蘿蔔洗淨，切成小丁。毛豆洗淨。

2. 將毛豆放入滾水中煮熟，撈出放入冰水中泡，待涼後撈出瀝乾。

3. 放入馬鈴薯丁、胡蘿蔔丁煮熟，續入花生再煮滾，撈出全部材料瀝乾，加入調味料拌勻，待涼後再放入毛豆拌勻即可。

料理小撇步

1.材料可依個人喜好更換，但以選擇帶點硬度的食材，像黃瓜等為佳。

2.熟花生若一次買太多沒吃完，可放在冰箱中冷凍保存，約可保存半個月。

辣炒酸菜
【4人份】

可帶便當

材料
酸菜300克
薑末2小匙
蒜末2小匙
辣椒末2小匙

調味料
糖1/2小匙
醬油少許
米酒1小匙
胡椒粉1/4小匙

做法
1. 酸菜洗淨瀝乾，尾部切細。
2. 鍋燒熱，倒入酸菜炒香，取出。
3. 原鍋再燒熱，倒入2大匙油，先放入薑末、蒜末、辣椒末爆香，續入酸菜、調味料炒至入味即可。

再一道好菜
酸菜最有名的家常菜就是酸菜炒肉絲，拿來拌麵條很對味。將鍋燒熱，倒入1大匙油，先放入1小匙的薑末和蒜末爆香，續入150克肉絲炒至變色，加入少許鹽、胡椒粉和米酒略炒，再入150克切好的酸菜拌炒至入味即可。

料理小撇步
買回來的酸菜可先試嚐，若味道太鹹，可先將酸菜放入冷水中泡一下再炒。

不用烹調器具，
省電省火保存好吃久久

料理小撇步
在做法2.中先以薑片爆香，再加入薑絲去炒，不僅可去除小卷的腥味，且炒好的小卷較香。

鹹小卷
【280克】

10mins

可帶便當

炒鍋

冷藏保存3天

材料
鹹小卷250克
薑25克
辣椒10克

調味料
糖1/4小匙
米酒1/2大匙
烏醋1/2小匙

做法
1. 鹹小卷洗淨，馬上瀝乾。15克的薑切片，10克的薑切絲。辣椒切絲。
2. 鍋燒熱，倒入3大匙油，先放入薑片爆香且至微乾，取出薑片。
3. 再放入薑絲、辣椒絲和鹹小卷，以小火慢慢炒香，再加入調味料續炒至入味即可。

吃冷的不需加熱
省能源 •••>

不用烹調器具，
省電省火保存好吃久久

料理小撇步

1. 做法1.中小魚乾清洗後要馬上撈起瀝乾水份，這樣入油鍋才能炸出酥脆的小魚乾。
2. 糯米椒就是不辣的青辣椒，外皮有點皺，吃起來不會辣，多用來搭配顏色。

酥脆小魚乾

【5人份】

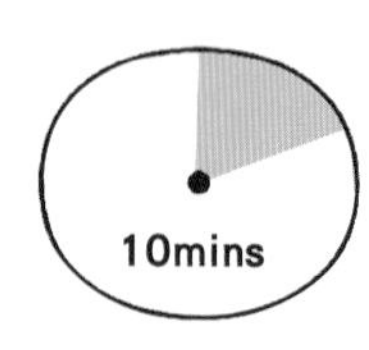

材料

小魚乾150克
蒜末2小匙
薑末2小匙
辣椒1條
糯米椒2條

調味料

醬油1/2大匙
糖1小匙
米酒1/2大匙
鹽少許

做法

1. 小魚乾略洗一下，馬上瀝乾。辣椒和糯米椒洗淨後切去頭部，切成片狀。
2. 鍋中倒入適量油，待油溫升至160℃，放入小魚乾炸一下，撈出瀝乾油份。
3. 原鍋燒熱，倒入1大匙油，先放入蒜末、薑末爆香，續入辣椒片爆香，再放入糯米椒片略炒一下，加入小魚乾、調味料拌炒至入味即可。

鹹蜆仔
【6人份】

20mins

材料

蜆仔400克
大蒜15克
辣椒15克
薑5克

調味料

醬油120c.c.
糖1小匙
烏醋1大匙
米酒1大匙
冷開水100c.c.

做法

1. 將蜆仔放入冷水中泡，使其吐沙再洗淨。大蒜、辣椒和薑都切片。
2. 將蜆仔放入滾水中，以小火煮至微開，撈出瀝乾。
3. 將全部的調味料拌勻，加入蒜片、辣椒片、薑片和蜆仔拌勻，全部倒入保鮮盒中，蓋上盒蓋，放入冰箱冷藏約一天再食用。

料理小撇步
教你不用烹調器具就可以做成這道菜的方法。先將蜆仔放入冷水中使其吐沙。將吐完沙的蜆仔裝入容器中，放入冰箱冷凍一晚，取出後直接沖入滾水，再加入調味料等材料放入冰箱。沖滾水是為了殺菌，就可以不需以滾水煮好蜆仔再醃了。

COOK50094

這樣吃最省
省錢省時省能源做好菜

國家圖書館出版品預行編目資料

這樣吃最省——省錢省時省能源做好菜／江豔鳳 著.一初版一台北市：朱雀文化，2008〔民97〕
面； 公分，--（Cook50；094）
ISBN 978-986-6780-37-0（平裝）
1.食譜
427.1

出版登記北市業字第1403號

作者 江豔鳳
攝影 徐博宇、林宗億
美術設計 許淑君
文字編輯 彭文怡
校稿 連玉瑩
企劃統籌 李橘
發行人 莫少閒
出版者 朱雀文化事業有限公司
地址 台北市基隆路二段13-1號3樓
電話 (02)2345-3868
傳真 (02)2345-3828
劃撥帳號 19234566 朱雀文化事業有限公司
e-mail redbook@ms26.hinet.net
網址 http://redbook.com.tw
總經銷 展智文化事業股份有限公司
ISBN 978-986-6780-37-0
初版一刷 2008.09
特價 199元
出版登記 北市業字第1403號